Python

Python for Big Data Training Course

大數據特訓班 第三版

關於文淵閣工作室

常常聽到很多讀者跟我們說：我就是看您們的書學會用電腦的。是的！這就是我們寫書的出發點和原動力，想讓每個讀者都能看我們的書跟上軟體的腳步，讓軟體不只是軟體，而是提升個人效率的工具。

文淵閣工作室是一個致力於資訊圖書創作三十餘載的工作團隊，擅長用循序漸進、圖文並茂的寫法，介紹難懂的 IT 技術，並以範例帶領讀者學習程式開發的大小事。我們不賣弄深奧的專有名辭，奮力堅持吸收新知的態度，誠懇地與讀者分享在學習路上的點點滴滴，讓軟體成為每個人改善生活應用、提升工作效率的工具。舉凡應用軟體、網頁互動、雲端運算、程式語法、App 開發，都是我們專注的重點，衷心期待能盡我們的心力，幫助每一位讀者燃燒心中的小宇宙，用學習的成果在自己的領域裡發光發熱！我們期待自己能在每一本創作中注入快快樂樂的心情來分享，也期待讀者能在這樣的氛圍下快快樂樂的學習。

文淵閣工作室讀者服務資訊

如果您在閱讀本書時有任何的問題，或是有心得想與我們一起討論、共享，歡迎光臨文淵閣工作室網站，或者使用電子郵件與我們聯絡。

文淵閣工作室網站 **http://www.e-happy.com.tw**

服務電子信箱 **e-happy@e-happy.com.tw**

Facebook 粉絲團 **http://www.facebook.com/ehappytw**

總 監 製	鄧文淵	責任編輯	邱文諒・鄭挺穗・黃信溢
監 督	李淑玲	執行編輯	邱文諒・鄭挺穗・黃信溢
行銷企劃	David・Cynthia	企劃編輯	黃信溢

前言

這是個充滿數據資料的年代，「資料科學家」已成為一個新興的職業，目前不僅科技產業在持續招聘相關人員，連傳統的零售業、銀行業、製造業、旅遊業，甚至政府單位都相繼成立資料科學部門，試著利用數據分析與預測提供決策方向，期待能增加效率與營收。

Python 無疑是大數據與 AI 時代的第一程式語言，在數據資料處理的領域中有著非常重要的地位。本書由生活出發，用專題實戰，只要能掌握數據資料爬取清洗、儲存整理、統計分析、視覺化呈現，以及跨領域應用的關鍵技術，就能掌控大數據的應用。

在章節的安排上，本書特地將內容劃分成二個部分：**基礎技術養成** 與 **實戰專題開發**。

1. **基礎技術養成**：萬丈高樓平地起，再高深的技術都必須有紮實基本功夫的堆疊。所以在規劃上我們特地將 CH01~CH06 的內容重點放置於資料科學中的基本觀念建立，Python 語法函數模組的應用，並透過資料分析實作演練，完整培養數據分析開發領域所需要的技能，掌握未來趨勢關鍵。

2. **實戰專題開發**：只有理論沒有應用，無法活用所學的基礎，並應用在真實的生活工作中。所以在 CH07~CH16 的章節中，我們細心挑選了許多有趣又實用的專題，讓學習能由生活的內容下手、日常的細節取材，其中包含了熱門搜尋關鍵字、股票的交易資訊、政府的公開資料、社群網站上傳的圖片與影音，以及實體通路或網路商店的銷售數據…等，帶領讀者掌握 Python 資料科學的實用模組，以貼近生活的熱門專題實戰，期待讓讀者能快速提升實作功力，應用無時差！

讀者除了可以根據書上的內容與說明進行練習，筆者更針對每個實戰專題都錄製了操作的教學影片，讀者在閱讀的過程中，如碰到覺得難以透過文字理解的細節，便能夠利用影片來學習，當下就能得到立即的幫助。

Python 在資料爬取、數據分析的強大技能絕對可以大大增強你在學業、工作及職場上的競爭力，只要掌握關鍵技術搞定資料爬取分析、視覺化呈現以及儲存交換應用，Python 將成為你晉升數據分析師或資料科學家的敲門磚，一起進入 Python 大數據的世界吧！

文淵閣工作室

學習資源說明

本書範例檔案下載

為了確保您使用本書學習的完整效果，並能快速練習或觀看範例效果，本書在範例檔案中提供了許多相關的學習配套供讀者練習與參考，請讀者線上下載。

1. **本書範例**：將各章範例的完成檔依章節名稱放置各資料夾中。

2. **教學影片**：提供讀者搭配書本中的說明進行學習，相信會有加乘的效果。

相關檔案可以在碁峰資訊網站免費下載，網址為：

http://books.gotop.com.tw/download/ACL067200

檔案為 ZIP 格式，讀者自行解壓縮即可運用。檔案內容是提供給讀者自我練習以及學校補教機構於教學時練習之用，版權分屬於文淵閣工作室與提供原始程式檔案的各公司所有，請勿複製做其他用途。

專屬網站資源

為了加強讀者服務，並持續更新書上相關的資訊內容，我們特地提供了本系列叢書的相關網站資源，您可以由文章列表中取得書本中的勘誤、更新或相關資訊消息，更歡迎您加入我們的粉絲團，讓所有資訊一次到位不漏接。

◎ 藏經閣專欄　http://blog.e-happy.com.tw/?tag= 程式特訓班
◎ 程式特訓班粉絲團　https://www.facebook.com/eHappyTT

目錄

Chapter 03　數據資料的儲存與讀取

Chapter
04
數據資料視覺化

Chapter

05

Numpy 數據運算

Chapter

06

Pandas 資料處理

Chapter

07

LINE 貼圖收集器

Chapter

08

YouTube 影片資源下載

Chapter

09

運動相簿批次爬取

Chapter

10

台灣股票市場分析統計圖

Chapter 14

7-11 超商門市資料下載

Chapter 15

即時網路聲量輿情收集器

Chapter
16

線上國語字典

Chapter

01

Python 雲端開發平台：Colab

1.1　Google Colab：雲端開發平台

Colaboratory 簡稱 Colab，是一個在雲端運行的程式開發平台，不需要安裝設定，並且能夠免費使用。

1.1.1　Colab 的介紹

Colab 的開發方式

Colab 無須下載、安裝或執行任何程式，即可以透過瀏覽器撰寫並執行 Python 程式，並且完全免費，尤其適合機器學習、資料分析和教育等領域。

Colab 的開發模式是提供雲端版的 Jupyter Notebook 服務，開發者無須設定即可使用，還能免費存取 GPU 等運算資源。Colab 預設安裝了一些做機器學習常用的模組，像是 TensorFlow、scikit-learn、pandas 等，在使用與學習時可直接應用！

在 Colab 中撰寫的程式是以筆記本的方式產生，預設是儲存在使用者的 Google 雲端硬碟中，執行時由虛擬機器提供強大的運算能力，不會用到本機的資源。

Colab 的使用限制

Colab 雖然提供免費資源，但為了讓所有人能公平地使用，系統會視情況進行動態的配置，所以 Google 並不保證一定的資源分配，也不提供無限的資源。這表示虛擬機器的磁碟容量與記憶體、允許的閒置時間與生命週期以及可用的 GPU 類型及其他因素，都會隨著時間、主機用量變動。

Colab 的筆記本要連線到虛擬機器才能執行，最長生命週期可達 12 小時。閒置太久之後，筆記本與虛擬機器的連線就會中斷，此時只需再重新連接即可。但重新連接時，Colab 等於是新開一個虛擬機器，因此原先儲存於 Colab 虛擬機器的資料將會消失，要記得將重要檔案備份到 Google 雲端硬碟，避免訓練許久的成果付諸流水。

1.1.2 **Colab 建立筆記本**

登入 Colab

在瀏覽器用「Colab」關鍵字搜尋，或開啟「https://colab.research.google.com」網頁進入 Colab。在首次開啟時需要輸入 Google 帳號進行登入，完成後畫面會顯示筆記本管理頁面。預設是 **最近** 分頁，顯示最近有開啟的筆記本。**範例** 分頁是官方提供的範例程式，**Google 雲端硬碟** 分頁會顯示存在你 Google 雲端硬碟中的筆記本，**Git** 分頁可以載入存在 GitHub 中的筆記本，**上傳** 分頁則可以上傳本機的筆記本檔案。

新增筆記本

Colab 檔案是以「筆記本」方式儲存。在筆記本管理頁面按右下角 **新增筆記本** 就可新增一個筆記本檔案，筆記本名稱預設為「Untitled0.ipynb」：

Colab 編輯環境是一個線上版的 Jupyter Notebook，操作方式與單機版 Jupyter Notebook 大同小異。點按「Untitled0.ipynb」可修改筆記本名稱，例如此處改為「firstlab.ipynb」。

Colab 預設檔案儲存位置

Colab 檔案預設是儲存於使用者的 Google 雲端硬碟，也可備份到 Github。開啟 Google 雲端硬碟，系統已經自動建立 <Colab Notebooks> 資料夾，開啟資料夾就可見到剛建立的「firstlab.ipynb」筆記本。

1.1.3 Colab 筆記本基本操作

程式碼儲存格的使用

在 Colab 筆記本中，無論是程式或是筆記都是放置在儲存格之中。預設會顯示程式碼儲存格，按 **+ 程式碼** 即可新增程式碼儲存格，按 **+ 文字** 即可新增文字儲存格。在儲存格的右上方會有儲存格工具列，可以進行儲存格上下位置調整、建立連結、新增留言、內容設定、儲存鏡像與刪除等動作。

首次執行程式前，虛擬機器並未連線。使用者可在程式儲存格中撰寫程式，按程式儲存格左方的 ▶ 圖示或按 **Ctrl + Enter** 鍵執行程式，並將結果顯示於下方，此時系統也會自動連線虛擬機器並完成配置。按執行結果區左方的 ⏻ 圖示會清除執行結果。

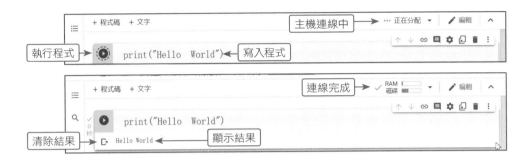

側邊欄的使用

在左方側邊欄有四個功能按鈕：**目錄**、**尋找與取代**、**變數**、**檔案**，點選即可開啟，再按一次或右上角的×圖示即可關閉。

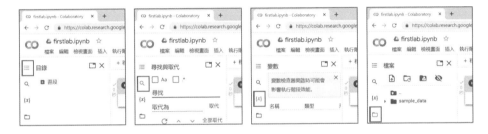

側邊欄的重要功能，將在以下相關的單元中詳細說明。

使用 GPU 模式

Colab 最為人稱道的就是提供 GPU 執行模式，可大幅減少機器學習程式運行時間。新增筆記本時，預設並未開啟 GPU 模式，可依以下操作變更為 GPU 模式：執行 **編輯 / 筆記本設定**。

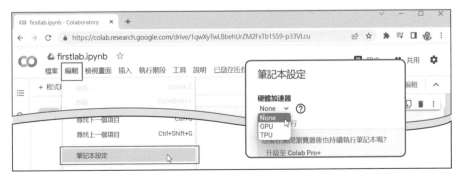

在 **硬體加速器** 欄位的下拉式選單點選 **GPU**，然後按 **儲存**。

虛擬機器的啟停與重整

開啟 Colab 筆記本時，預設沒有連接虛擬機器。按 **連線** 鈕連接虛擬機器。

有時虛擬機器執行一段時間後，其內容會變得十分混亂，使用者希望開啟全新的虛擬機器進行測試。按 **RAM/ 磁碟** 右方下拉式選單，再點選 **管理工作階段**。

於 **執行中的工作階段** 對話方塊按 ⊠，再按一次 **終止**，就會關閉執行中的虛擬機器。

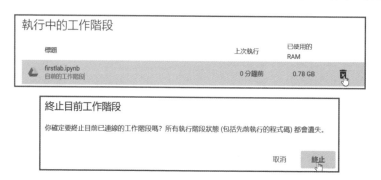

此時 **連線** 鈕變為 **重新連線** 鈕，按 **重新連線** 鈕就會連接新的虛擬機器。

1.1.4 **Colab** 的建議設定

Colab 筆記本可以進行設定，讓使用環境更符合需求。只要按下功能表的 **工具 / 設定** 或畫面右上角的 ⚙ 設定鈕，即可開啟設定對話方塊。以下將介紹幾個重要的設定：

頁面主題的切換

Colab 能將一般亮底暗字的畫面配置切換為暗底亮字的配色方式，讓開發者能在長時間編輯程式時，眼睛不會太過壓迫。請在設定對話方塊中選取 **網站**，將主題由「light」設定為「dark」，儲存後即可將編輯畫面切換成暗底亮字的配色模式。

程式碼字體大小、字型與縮排

程式開發時，編輯器上的字體大小、字型的顯示與縮排很重要。請在設定對話方塊中選取 **編輯器**，再進行以下設定：

1. **字型大小**：Colab 是使用瀏覽器進行編輯，雖然可以調整瀏覽器的顯示比例，但放大時是整個畫面一起放大，反而壓縮到編輯器顯示的範圍。這裡建議可以設定 **編輯器 / 字型大小**，能夠單獨放大程式碼及文字儲存格中的文字大小，讓開發時能更清楚的檢視程式內容。

2. **轉譯程式碼時使用的字型系列**：預設的字型是 monospace 等寬字型，適合用來顯示程式碼。但在繁體中文的環境下，該字型的顯示會太細而不易閱讀，寬度也不一致。建議可以設定為「consolas」，在程式碼的顯示上會更加清楚。

3. **縮排寬度 (以空格為單位)**：Python 的程式碼利用縮排的方法，能省略許多程式碼中的符號，也能將程式區塊化。請由 **編輯器 / 縮排寬度 (以空格為單位)** 設定縮排的空格數，這裡建議可設定為「4」，也是較多人習慣縮排寬度。

顯示行數

一般開發程式碼時往往都會有較多的內容，當需要與他人溝通或標示程式碼重點時，最好可以在每行程式碼前加上行號，會有很大的幫助。請核選 **編輯器 / 顯示行數**，即可完成加上行號的動作。

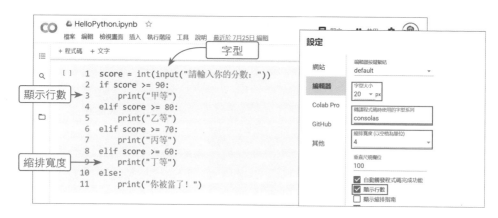

1.1.5 Colab 虛擬機器的檔案管理

Colab 筆記本的程式運行時，常會使用到其他相關的檔案，例如：用來讀取資料的文件檔、用來辨識的圖片檔，或是訓練後產生的模型檔，而這些檔案預設都可以放置在虛擬機器連線後的預設資料夾。

虛擬機器的預設資料夾

當 Colab 筆記本成功連接虛擬機器後，在側邊欄的 **檔案** 即可看到機器的預設資料夾，已自動產生了一個 <sample_data> 資料夾，其中放置了機器學習與深度學習中常用來練習的幾個資料集。

Colab 連線的虛擬機器使用的是 Linux 系統，當按下  **上一層** 按鈕即可切換到主機的系統根目錄下。這裡顯示了主機根目錄下所有的資料夾，其中「/content」即是 Colab 的預設資料夾。

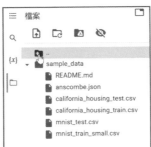

上傳檔案到虛擬機器

如果要將檔案上傳到虛擬機器中使用，可以按下 📤 **上傳** 按鈕開啟視窗，選取要上傳的檔案。若是一次要上傳多個檔案，可以在選取時按著 **Ctrl** 鍵不放，選取所有要上傳的檔案，最後按下 **開啟** 鈕即可進行上傳。

因為虛擬機器若是重啟，所有執行階段上傳或生成的檔案都會刪除還原，所以會顯示詢息告知。按 **確定** 鈕後完成上傳，即可以看到該檔案。

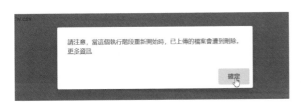

虛擬機器檔案的管理功能

如果要針對上傳的檔案進行管理，可以按下檔名旁的 ⋮ 開啟選單，接著再選取要執行的動作。

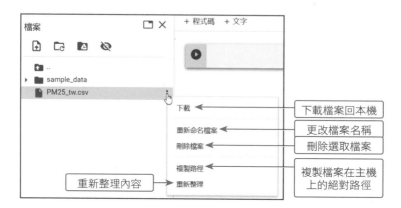

虛擬機器檔案的瀏覽功能

Colab 還提供多種檔案的瀏覽功能，在瀏覽之前可以先設定瀏覽視窗的排列方式，按下畫面右上角的 **⚙** 設定鈕，請在設定對話方塊中選取 **網站**，在 **預設頁面版面配置** 中選取瀏覽的方式：

1. **vertical**：垂直 2 列 (橫列) 的檢視畫面，分別顯示程式碼編輯視窗及檔案內容的預覽視窗。

2. **horizontal**：水平 2 欄 (直欄) 的檢視畫面，分別顯示程式碼編輯視窗及檔案內容的預覽視窗。

3. **single**：單一分頁的檢視畫面，用頁籤的方式來顯示程式碼編輯視窗及檔案內容的預覽視窗，這裡建議使用這個設定。

如果是文字內容的檔案，如 txt、json 等，在檔名點擊二下即可開啟一旁的瀏覽視窗，甚至可以進行編輯的動作，系統會自動存檔。

如果是 csv 資料型的檔案，在點擊後會以表格顯示，可以使用下方的功能列或連結進行資料的翻頁，或是上方的 **篩選** 鈕來尋找資料，十分方便。

如果是圖片影像檔，在點擊後也可以在瀏覽視窗中預覽。

1.1.6 Colab 掛接 Google 雲端硬碟

Colab 除了可以使用虛擬機器上主機資料夾的檔案外，也可以將 Google 雲端硬碟掛接後進行使用。但因為權限的問題，在連接時可能會有不同的過程，以下分別說明。

自行新增的 Colab 筆記本連接 Google 雲端硬碟

若 Colab 筆記本是由使用者自行新增時，掛接 Google 雲端硬碟的步驟就很單純。

1. 請按下側邊欄 **檔案** 分頁的 **掛接雲端硬碟** 鈕。

2. 請按 **連線至 Google 雲端硬碟** 鈕。

3. 掛接成功後會出現一個 <drive> 資料夾，其中的 <MyDrive> 資料夾，展開後即可看到目前登入帳號的 Google 雲端硬碟的內容。

使用非自行新增的筆記本連接 Google 雲端硬碟

並不是所有的筆記本檔案在連接 Google 雲端硬碟時都如此方便，如果是由本機上傳的筆記本檔案，或是開啟官方的範例為副本，又或是匯入 Github 上筆記本的檔案為副本，要連接 Google 雲端硬碟就可能要多一些步驟。

1. 按下側邊欄 **檔案** 的 ▲ **掛接雲端硬碟** 鈕，此時會自動產生程式儲存格內容如下：

```
from google.colab import drive
drive.mount('/content/drive')
```

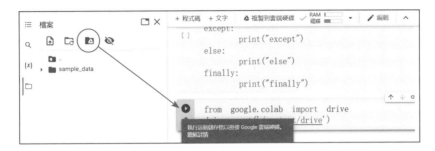

2. 執行後請按下 **繼續執行** 及 **連線至 Google 雲端硬碟**。

3. 請選擇要使用的帳號，再按 **允許** 鍵進行掛接。

4. 如此即完成 Google 雲端硬碟的掛接。

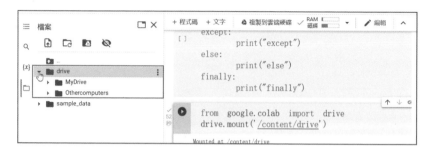

Colab 使用 Google 雲端硬碟檔案

因為 Colab 筆記本運行時必須連線虛擬機器，當連線中斷或重新啟動時，儲存在其中的檔案或資料都會被刪除清空。所以如何將重要的檔案、文件與資料儲存到 Google 雲端硬碟裡，或是取用 Google 雲端硬碟裡的檔案就非常的重要。

在 Google 雲端硬碟中切換到 <Colab Notebooks> 資料夾，按左上方 **新增** 鈕，再點選 **檔案上傳**，於 **開啟** 對話方塊選擇要上傳的檔案就可將該檔案上傳到雲端硬碟的 <Colab Notebooks> 資料夾，上傳後可在 Google 雲端硬碟看到該檔案。

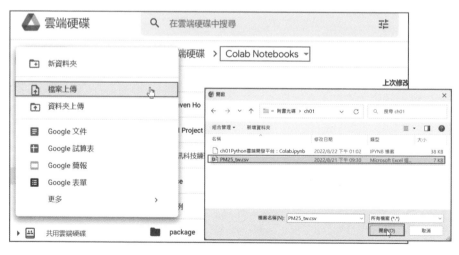

以原始格式上傳

上傳檔案到 Google 雲端硬碟時，需確保是以原始格式上傳，否則在 Colab 使用該檔案時會產生錯誤。按右上角 ⚙ 圖示，點選 **設定** 項目，於 **設定** 對話方塊取消核選 **將已上傳的檔案轉換為 Google 文件編輯器格式** 項目。

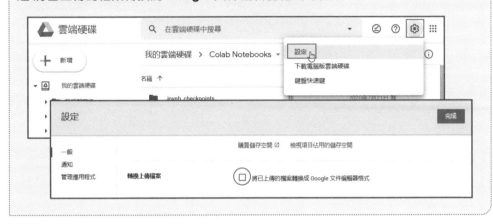

Google 雲端硬碟檔案的絕對路徑位於：

```
/content/drive/My Drive/Colab Notebooks/ 檔案名稱
```

例如前面上傳的檔案為：

```
/content/drive/My Drive/Colab Notebooks/PM25_tw.csv
```

Google 雲端硬碟中 Colab 能取用的檔案，並非只能放在 <Colab Notebooks> 中，而是所有能夠看到的檔案都能使用，只要能取得路徑即可。

如果不確定檔案的路徑，可以開啟 Colab 側邊欄的 **檔案** 分頁，掛接 Google 雲端硬碟後，再依路徑找到檔案，按右鍵後選 **複製路徑** 即可取得絕對路徑。

1.1.7 執行 Shell 命令：「!」

Colab 允許使用者執行 Shell 命令與系統互動，只要在「!」後加上命令語法，格式為：

```
!shell 指令
```

其中用於管理 Python 模組的命令：「pip」就是一個相當重要的命令。例如要安裝用於下載 Youtube 影片的 pytube 模組的命令為：

```
!pip install pytube
```

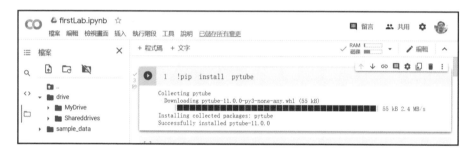

如果想要查看系統中已安裝的模組，可以使用：

```
!pip list
```

如下圖可見到 Colab 已預先安裝了非常多的常用模組：

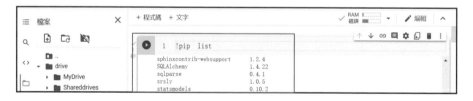

除此之外，還可以使用 Shell 命令來進行檔案或是系統的操作，例如以「pwd」命令查看現在目錄：

```
!pwd
```

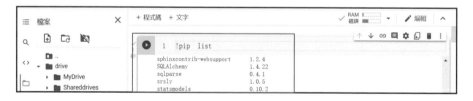

以下是 Colab 中常用來操作系統的 Shell 命令：

命令	說明
ls [-l]	顯示檔案或目錄內容結構 -l：詳細檔案系統結構
pwd	顯示當前目錄
cat [-n] 檔名	顯示檔案內容 -n：顯示行號
mkdir 目錄名稱	建立新目錄
rmdir 目錄名稱	移除目錄，目錄必須是空的
rm [-i] [-rf] 檔案或目錄名稱	移除檔案或目錄。 -i：刪除前需確認 -rf：刪除目錄，其中目錄不必是空的。
mv 檔案或目錄名稱 目的目錄	移動檔案或目錄到目的目錄。
cp [-r] 檔案或目錄名稱 目的目錄	複製檔案或目錄到目的目錄。 -r：複製目錄
ln -s 目錄名稱 虛擬目錄名稱	將目錄名稱設為虛擬名稱，常用於簡化 Google 雲端硬碟目錄。
unzip 壓縮檔名	將壓縮檔解壓縮。
sed -i 's/ 搜尋字串 / 取代字串 /g' 檔案名稱	將檔案中所有「搜尋字串」取代為「取代字串」。
wget [-o 自訂檔名] 遠端檔案網址	下載遠端檔案回到本機。 -O：可自訂檔名。

1.1.8 魔術指令：「%」

Colab 提供魔術指令 (Magic Command) 供使用者擴充 Colab 功能，分為兩大類：

1. **行魔術指令 (Line Magic)** 以「%」開頭，適用於單行命令。

2. **儲存格魔術指令 (Cell Magic)** 以「%%」開頭，適用於多行命令。

%lsmagic

「%lsmagic」功能是顯示所有可用的魔術指令，可進行指令的查詢。

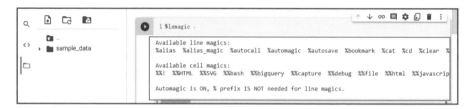

%cd

「%cd」功能是切換目錄，語法為：

```
%cd 目錄名稱
```

○ **注意**：「!cd 目錄名稱」不會切換目錄，需使用「%cd 目錄名稱」才會切換目錄。

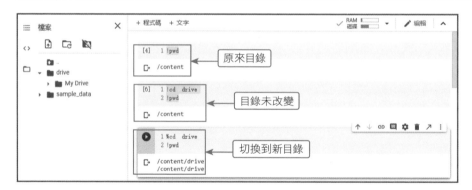

%timeit 及 %%timeit

這兩個指令都會計算程式執行的時間：「%timeit」用於單列程式，「%%timeit」用於整個程式儲存格。

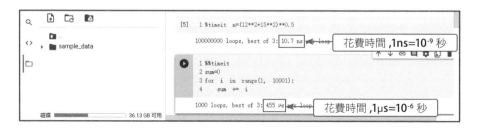

%%writefile

「%%writefile」功能是新增內容為文字檔，語法為：

```
%%writefile 檔案名稱
檔案內容
......
```

%run

「%run」功能是執行檔案，語法為：

```
%run 檔案名稱
```

例如，用「%%writefile」新增 <hello.py>，再利用「%run」執行。

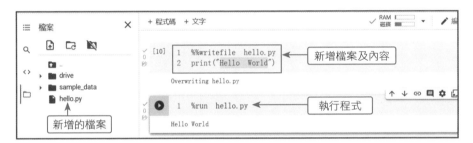

%whos

「%whos」功能是查看目前存在的所有變數、類型等。

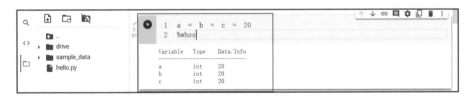

1.1.9 **Colab** 筆記本檔案的下載與上傳

Colab 筆記本檔案可以下載到本機儲存，也可以取得別人的筆記本檔案上傳進行編輯。因為 Colab 是使用 Jupyter Notebook 服務，所以下載的格式為 <.ipynb>。

下載筆記本檔案

請選取功能表 **檔案 / 下載 / 下載 .ipynb**，即可將檔案下載到本機儲存。

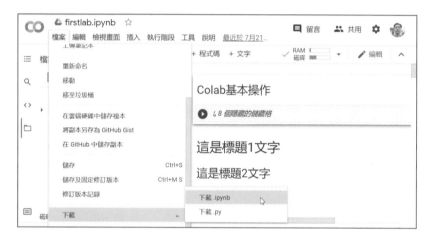

上傳筆記本檔案

請選取功能表 **/ 檔案 上傳筆記本** 開啟對話視窗，點選 **上傳** 功能，再點選 **選擇檔案** 鈕，於 **開啟** 對話方塊選取要上傳的 <.ipynb> 檔即可。

1.2 Colab 的筆記功能

在 Colab 中預設是利用程式儲存格進行程式開發，但讓人愛不釋手的另一個功能，就是能利用文字儲存格為筆記本加入教學文件或說明。

請在功能表按 **插入 \ 文字儲存格**，或按 **+ 文字** 鈕新增一個文字儲存格。文字儲存格使用 markdown 語法建立具有格式的文字 (Rich Text)，可在右方看到呈現的文字預覽，系統並提供簡易的 markdown 工具列，讓使用者能快速建立格式化文字。

1.2.1 **Markdown** 語法

Markdown 是約翰·格魯伯 (John Gruber) 所發明，是一種輕量級標記式語言。它有純文字標記的特性，可提高編寫的可讀性，這是在以前很多電子郵件中就已經有的寫法，目前有許多網站使用 Markdown 來撰寫說明文件，也有很多論壇以 Markdown 發表文章與發送訊息。

Markdown 就顯示的結構上可區分為兩大類：**區塊元素** 及 **行內元素**。

- **區塊元素**：此類別會讓內容獨立形成一個區塊，區塊內的全部文字都是套用同樣的格式。
- **行內元素**：套用此類別的內容可插入於區塊內。

1.2.2 區塊元素

區塊元素會讓內容獨立形成一個區塊，區塊內的全部文字都是套用同樣的格式，例如標題、段落、清單等。

標題文字

標題文字分為六個層級,是在標題文字前方加上 1 到 6 個「#」符號,「#」數量越少則標題文字越大。

○ **注意**:「#」與標題文字間需有一個空白字元。

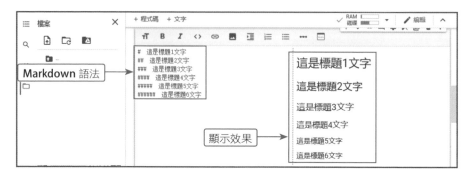

經實測,標題 5 及標題 6 的文字大小相同。

段落文字

當沒有加上任何標示符號時,該區塊的文字就是文字段落區塊,段落與段落之間則是以空白列分開。

引用文字

引用文字是在文字前方加上「>」符號,功能是文字樣式類似於 Email 回覆時原文呈現的樣式。

清單

清單可分為 **項目符號清單** 及 **編號清單**。

1. **項目符號清單** 是在文字前方加上「-」或「+」或「*」符號及一個空白字元，功能是建立清單項目。

    清單可包含多個層級，方法是加上一個縮排或兩個空格就可以新增一個層級。

2. **編號清單** 是以數字加上「.」及一個空白字元做為開頭的文字，功能是建立包含數字編號的清單項目。

    編號清單也可以包含多個層級，方法是加上一個縮排或兩個空格就可以新增一個層級。

- **注意**：如果一般文字需要以數字加「.」作為開頭，必須改為數字加「\.」。

分隔線

分隔線是連續 3 個「 * 」或「 _ 」符號，功能是建立一條橫線以分隔文字。

區塊程式碼

Markdown 說明中常需要顯示程式碼，其語法為：

```
```
程式碼
......
```
```

- **注意**：「`」符號是反引號，位於鍵盤 Tab 鍵的上方。

1.2.3 行內元素

行內元素則是在區塊的文字上做修飾，如粗體、斜體、連結等。

斜體文字

若文字被「 _ 」或「 * 」符號包圍，該文字就會以斜體文字顯示。

粗體文字

若文字被「__」或「**」符號包圍，該文字就會以粗體文字顯示。

超連結

建立超連結文字有兩種方法：HTML 語法或 Markdown 語法。

HTML 語法：

```
<a href=" 網址 "> 顯示文字 </a>
```

Markdown 語法：

```
[ 顯示文字 ]( 網址 )
```

行內程式碼

行內程式碼是在一般文字中顯示程式碼，其語法是將程式碼以反引號「`」包圍起來即可。

圖片

建立圖片有兩種方法：HTML 語法或 Markdown 語法。

HTML 語法：

```
<img src=" 圖片網址 " alt=" 替代文字 " />
```

Markdown 語法：

```
![ 替代文字 ]( 圖片網址 )
```

Chapter

02

數據資料的爬取

2.1 requests 模組：讀取網站檔案

想要從網路有系統的自動化收集資訊，首先必須能夠將網站上的網頁內容或是檔案擷取下來進行處理。requests 模組可以用 Python 程式發出 HTTP 的請求，並取得回應的內容。requests 在 Colab 中已經內建，可以直接使用。

2.1.1 網路資料爬取的原理

使用者要在電腦上瀏覽網頁，基本流程是開啟瀏覽器輸入網址送出後，電腦會透過網路對網址所指定的伺服器發出要求 (Request)，伺服器再根據要求透過網路回應 (Response) 資料給原來的電腦，顯示在瀏覽器上。

電腦對伺服器發出 Request 要求的方式常見的有二種：GET 與 POST。GET 在提出需求時，如果要傳遞資料會化為參數直接加在網址的後方，而 POST 在提出需求時，傳遞的資料是放在 messagebody 中，網址並不會改變。

而伺服器接收到需求後 Response 回應的內容常見的是 HTML、CSV、json... 等文字型檔案或是圖片、影片、壓縮檔 ... 等二進位檔案。

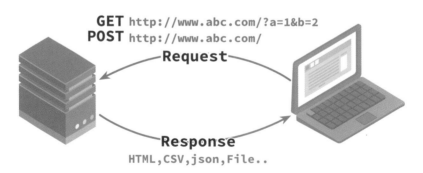

網路資料爬取簡單來說就是利用程式向伺服器發出要求後，接收回應的內容進行儲存、分析與其他應用。但是因為伺服器端的回應內容，會因為客戶端要求的方式，或是要求的參數而有所不同。

而伺服器端也會因為網路流量、資訊安全、資料保密 ... 等考量，對於來訪的要求會加上檢查審核的機制，防範異常的訪問動作。所以想要方便快速的取得正確的資料，就不是像打開瀏覽器觀看網站那麼的簡單。

2.1.2 發送 GET 請求

基本語法

當打開瀏覽器後輸入網址送出,指定的網站伺服器接收到要求後回應內容,你即可在瀏覽器中看到網頁的呈現,這個請求的方式稱為 GET。

requests 模組可以不透過瀏覽器就能完成 GET 的請求,其語法如下:

```
import requests
Response 物件 = requests.get( 網址 )
```

Response 物件可利用以下屬性取得不同的回應內容:

■ text:取得網站回應的文字檔案資料。

■ content:取得網站回應的二進位檔案資料。

■ status_code:取得 HTTP 狀態碼。

讀取網頁原始碼

例如:讀取網頁的原始碼。

```
[1]  1  import requests
     2  url = 'http://www.ehappy.tw/demo.htm'
     3  html = requests.get(url)
     4  # 檢查HTTP回應碼是否為200(requests.code.ok)
     5  if html.status_code == requests.codes.ok:
     6      print(html.text)
```

```
<!doctype html>
<html>
  <head>
    <meta charset="UTF-8">
    <title>Hello</title>
  </head>
  <body>
    <p>Hello World!</p>
  </body>
</html>
```

requests 模組必須先 import,接著利用 requests.get() 函式以 GET 方法對指定網址送出請求,當伺服器接到後就會回應。在範例中的 html 就是伺服器的回應物件,用 status_code 屬性可以確認傳回的狀態碼,如果 HTTP 狀態碼為 200 或 requests.codes.ok 就代表內容取得成功,即可以 text 屬性顯示回傳的的原始碼內容。

加上 URL 參數

GET 請求除了指定網址外，還能在其後加上 URL 參數，讓互動程式接收後導出不同的回應內容。例如對 www.test.com 發出 GET 需求時帶上 x 及 y 二個查詢參數及測試值，其格式如下：

```
http://www.test.com/?x=value1&y=value2
```

URL 參數與網址之間要用「?」串接，參數及值之間要加「=」，多個參數要用「&」。

在 requests 模組中，URL 參數要用字典資料型態進行定義，接著用 GET 請求時必須將 URL 參數內容設定為 params 參數，即可完成。

例如：設定 params 參數出 GET 請求。

```
[2]  1  import requests
     2  # 將查詢參數定義為字典資料加入GET請求中
     3  payload = {'key1': 'value1', 'key2': 'value2'}
     4  html = requests.get("http://httpbin.org/get",
     5                          params=payload)
     6  print(html.text)
```

```
{
  "args": {
    "key1": "value1",
    "key2": "value2"
  },
  "headers": {
    "Accept": "*/*",
    "Accept-Encoding": "gzip, deflate",
    "Host": "httpbin.org",
    "User-Agent": "python-requests/2.23.0",
    "X-Amzn-Trace-Id": "Root=1-62f357c6-24d135a65c825e6378f84909"
  },
  "origin": "34.85.202.213",
  "url": "http://httpbin.org/get?key1=value1&key2=value2"
}
```

這裡利用了 httpbin.org 的服務來測試 HTTP 的傳送及回應值，這裡可以看到範例中的 GET 請求傳送了二個 URL 參數 (args)，因此最後呈現的網址即是將 URL 參數及值用「?」及「&」符號合併在網址後。

認識 httpbin.org

httpbin.org 是一個用來測試 request 及 response 的線上服務，使用者可以對這個網站發送 GET、POST 等請求動作，它在接收後會以 json 的格式回傳請求的 args(參數)、headers(標頭資料)、origin(來源位址) 及 url(請求網址) 等資料，對於 API 開發人員來說，是相當好用的測試工具。

httpbing.org 可以接收所有 HTTP 的傳送方法，以 GET 與 POST 來說，其接收的網址分別如下：

```
http://httpbin.org/get
http://httpbin.org/post
```

2.1.3　發送 POST 請求

POST 請求是一種常用的 HTTP 請求，只要是網頁中有讓使用者填入資料的表單，都會需要用 POST 請求來進行傳送。

在 requests 模組中，POST 傳遞的參數要定義成字典資料型態，接著用 POST 請求時必須將傳遞的參數內容設定為 data 參數，即可完成。

例如：設定 data 參數提出 POST 請求。

```
1  import requests
2  # 將查詢參數加入 POST 請求中
3  payload = {'key1': 'value1', 'key2': 'value2'}
4  html = requests.post("http://httpbin.org/post",
5                       data=payload)
6  print(html.text)
```

顯示中重要內容為：

```
{
...
  "form": {
    "key1": "value1",
    "key2": "value2"
  },
...
  "url": "https://httpbin.org/post"
}
```

2.1.4 自訂 **HTTP Headers** 偽裝瀏覽器操作

在網頁請求中，HTTP Headers 是 HTTP 請求和回應的核心，其中標示了關於用戶端瀏覽器、請求頁面、伺服器等相關的資訊。

在進階的網路爬蟲程式中，自訂 HTTP Headers 可以將爬取的動作偽裝為瀏覽器的操作，避過網頁的檢查，這是一個常用的技術。設定的方式是在 headers 中設定 user-agent 的屬性，其格式如下：

```
headers = {'user-agent': 'Mozilla/5.0 (Linux; Android 8.0.0; \
           SM-G960F Build/R16NW) AppleWebKit \
           /537.36 (KHTML, like Gecko) \
           Chrome/62.0.3202.84 Mobile Safari/537.36'
}
```

例如：台灣高鐵的網路訂票頁面 (https://irs.thsrc.com.tw/IMINT/)，當進行 HTTP 要求時會先檢查操作者是否為瀏覽器，如果不是則無法正常讀取內容。

程式碼：

```
[3]  1  import requests
     2  url = 'https://irs.thsrc.com.tw/IMINT/'
     3  # 自訂表頭
     4  headers = {'user-agent': 'Mozilla/5.0 (Linux; Android 8.0.0; \
     5             SM-G960F Build/R16NW) AppleWebKit \
     6             /537.36 (KHTML, like Gecko) \
     7             Chrome/62.0.3202.84 Mobile Safari/537.36'
     8  }
     9  # 將自訂表頭加入 GET 請求中
    10  html = requests.get(url, headers=headers)
    11  print(html)
```

回應的 HTTP 狀態碼為 200，表示正確讀取。如果不加自訂的 headers 設定，執行時程式會卡住無法正確執行喔！

```
  <Response [200]>
```

2.1.5 使用 Session 及 Cookie 進入認證頁面

當用戶端瀏覽器訪問伺服器端時，伺服器會發給用戶端一個憑證以供識別，這個憑證儲存在用戶端的瀏覽器就是 Cookie，產生在伺服器端的就是 Session。當下次再拜訪該網站時，只要所屬的 Cookie 與 Session 還沒有過期，伺服器就能辨識，提供程式進一步使用。例如在購物網站中能夠記住登入會員的資訊，或是瀏覽者上次的購物清單，都可以利用 Session 或是 Cookie 來達成。

利用 Cookie 檢查篩選使用者

在會員制的網站中，很多會員的功能都必須進行登錄認證後才能使用，如果沒有登錄，在流程的設計上，一般瀏覽頁面都會先被導向會員登錄頁面進行登入動作，否則就無法使用。

以熱門的批踢踢實業坊八卦討論板 (https://www.ptt.cc/bbs/Gossiping/index.html) 為例，如果想要進入討論板瀏覽內容。在第一次進入時會因為沒有認證而被重新導到「https://www.ptt.cc/ask/over18」，目的是要確定瀏覽者年滿 18 歲才能進入。這是一個對於使用者資格進行確認的防護機制，不過對於網路爬蟲來說則是一個很大的考驗，因為在資料擷取的時候，必須先要經由認證的動作來取得身份才能正常的進行。

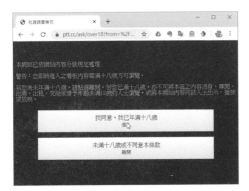 

檢視產生的 Cookie 值

這裡將要使用 Chrome 瀏覽器的開發人員工具進行 Cookie 的檢視，請開啟批踢踢實業坊八卦討論板頁面，通過年滿 18 歲驗證後進入討論板面。

請由瀏覽器右上角的 ⋮ / **更多工具 / 開發人員工具**，或是按 **F12** 鍵開啟 **開發人員工具**，選按 **Application** 頁籤，選擇左方的 **Cookies** 裡的目前網址，此時右方會顯示目前瀏覽器儲存的 Cookie 值。

其中有一個 Cookie 名稱為「over18」，值為 1，目前的頁面就是透過這個 Cookie 值來判斷瀏覽者有沒有通過年滿 18 歲驗證的頁面。

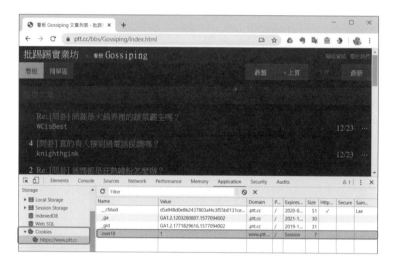

請選取這個 Cookie 值，按下右上角的刪除，再重整頁面。你會發現頁面又會被導向要求年滿 18 歲認證的頁面。

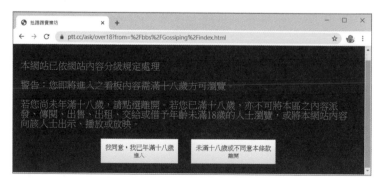

在 **requests** 請求時加入 **Cookie**

在進階的網路爬蟲程式中，如果目標頁面需要 Cookie 值認證，會因為這個機制干擾導致讀取失敗。解決的方式就是在進行請求時加入 Cookie 值，即可順利的進入目標頁面。設定的方式是在 requests 請求時加入 cookies 的參數，要注意的一點是 cookie 的參數格式必須是字典。

回到剛才的範例中，如果想要順利爬取批踢踢實業坊八卦討論板的內容，就必須在請求時加入「over18=1」的 cookie 值。

範例：GET 請求中設定 params 參數。

```
[7]  1  import requests
     2  url = 'https://www.ptt.cc/bbs/Gossiping/index.html'
     3  # 設定cookies的值
     4  cookies = {'over18':'1'}
     5  html = requests.get(url, cookies=cookies)
     6  print(html.text)
```

如此即可自動通過認證，讀取到目標網頁的內容。

2.2 BeautifulSoup 模組：網頁解析

取得網頁的原始檔之後，面對複雜的結構，該如何取出需要的內容並且進行後續的整理儲存分析呢？這裡將要介紹的是強大的網頁解析模組：BeautifulSoup，可以快速而準確地對頁面中特定的目標加以分析和擷取。

2.2.1 安裝 Beautifulsoup 模組

BeautifulSoup 模組可以快速的由 HTML 中提取內容，只要對於網頁結構有基本的了解，即可透過一定的邏輯取出複雜頁面中指定的資料。

可以使用下列指令在 Python 中安裝 BeautifuleSoup：

```
! pip install -U beautifulsoup4
```

⊙ **注意**：在 Colab 中預設已經安裝好 BeautifulSoup，不用再自行安裝。

2.2.2 認識網頁的結構

網頁的內容其實是純文字，一般都會儲存為 .htm 或 .html 的檔案。網頁是使用 HTML(Hypertext Markup Language) 語法利用標籤 (tag) 建構內容，讓瀏覽器在讀取後能根據其敘述呈現網頁。以下的範例網頁 (http://ehappy.tw/bsdemo1.htm)，是個結構單純的頁面：

```
程式碼：bsdemo1.htm
<!doctype html>
<html>
  <head>
    <meta charset="UTF-8">
    <title> 我是網頁標題 </title>
  </head>
  <body>
    <h1 class="large"> 我是標題 </h1>
    <div>
      <p> 我是段落 </p>
      <img src="https://www.w3.org/html/logo/
        downloads/HTML5_Logo_256.png" alt=" 我是圖片 ">
      <a href="http://www.e-happy.com.tw"> 我是超連結 </a>
    </div>
```

```
    </body>
</html>
```

HTML 提供了一個文件結構化的表示法：DOM(DocumentObjectModel，文件物件模型)。所有的標籤指令都是由「<...>」包含，大部分的都有起始與結束標籤，如 <h1> 標題 </h1>，<h1> 是要標註標題的區域，起始與結束標籤之間即是內容物件。因為標籤指令的不同，可將 HTML 中區分成不同的內容，如文件段落 (p)、圖片 (img)、超連結 (a)... 等。HTML 用標籤所組合的內容物件，最終會形成如樹狀的結構，方便程式進行存取甚至改變。

回到剛才的範例頁面中，最上層的節點是 <html>，在以下分成二個部分：<head> 及 <body>，<head> 之中有 <meta> 及 <title>，而 <body> 中又有 <h1> 與 <div>，最後在 <div> 之下又有 <p>、<img> 及 <a>。

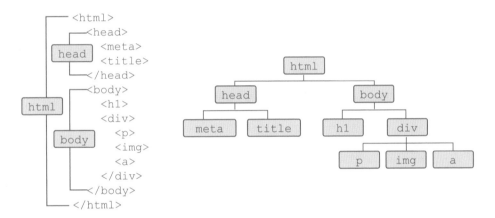

BeautifulSoup 模組的功能即是將讀取的網頁原始碼解析為一個個結構化的物件，讓程式能夠快速取得其中的內容。

2.2.3 BeautifulSoup 的使用

載入 BeautifulSoup 後，同時也利用 requests 模組取得網頁的原始碼，就可以使用 Python 內建的 html.parser 或 lxml 解析器解析原始碼，建立 BeautifulSoup 物件後再進行解析，語法範例如下：

```
from bs4 import BeautifulSoup
BeautifulSoup 物件 = BeautifulSoup( 原始碼 , 解析器 )
```

BeautifulSoup 型別物件很重要，因為經過解析後，在 HTML 中每個標籤都為 DOM 結構中的節點，接著就可於其中找尋並取出指定的內容。

BeautifulSoup 常用的解析器如下，建議使用 lxml 模組進行解析：

語法	說明
BeautifulSoup(原始碼 ,'html.parser')	python 內建，執行速度適中，文件容錯能力強。
BeautifulSoup(原始碼 ,'lxml')	執行速度快，文件容錯能力強。

2.2.4 BeautifulSoup 常用的屬性

BeautifulSoup 常用的屬性如下：

屬性	說明
標籤名稱	傳回指定標籤內容，例如：sp.title 傳回 <title> 的標籤內容。
text	傳回去除所有 HTML 標籤後的網頁文字內容。

例如：建立 BeautifulSoup 型別物件 sp，解析「http://ehappy.tw/bsdemo1.htm」網頁原始碼。接著用標籤名稱與 text 二個屬性，取出指定的內容。

```
[10]  1  import requests
      2  from bs4 import BeautifulSoup
      3  url = 'http://ehappy.tw/bsdemo1.htm'
      4  html = requests.get(url)
      5  html.encoding = 'UTF-8'
      6  sp = BeautifulSoup(html.text, 'lxml')
      7  print(sp.title)
      8  print(sp.title.text)
      9  print(sp.h1)
     10  print(sp.p)
```

```
<title>我是網頁標題</title>
我是網頁標題
<h1 class="large">我是標題</h1>
<p>我是段落</p>
```

在 HTML 中每個標籤都為 DOM 結構中的節點，使用 **BeautifulSoup 物件 . 標籤名稱** 即可取得該節點中的內容 (包含 HTML 標籤)。為取得的內容加上 text 的屬性，可去除 HTML 標籤，取得標籤區域內的文字。

2.2.5 BeautifulSoup 常用的方法

BeautifulSoup 常用的方法如下：

方法	說明
find()	尋找第一個符合條件的標籤，以 **字串** 回傳。例如：sp.find("a")。
find_all()	尋找所有符合條件的標籤，以 **串列** 回傳。 例如：sp.find_all("a")。
select()	尋找指定 CSS 選擇器如 id 或 class 的內容，以 **串列** 回傳。例如： 以 id 讀取：sp.select("#id") 以 class 讀取：sp.select(".classname")

2.2.6 找尋指定標籤的內容：find()、find_all()

find

find() 方法會尋找第一個符合指定標籤的內容，找到後會將結果以字串回傳，如果找不到則傳回 None。

語法：

```
BeautifulSoup 物件 .find( 標籤名稱 )
```

例如：讀取第一個 <a> 標籤內容。

```
data = sp.find("a")
```

find_all

find_all() 方法會尋找所有符合指定標籤的內容，找到時會將結果組合成串列回傳，如果找不到則回傳空的串列。

語法：

```
BeautifulSoup 物件 .find_all( 標籤名稱 )
```

例如：讀取所有的 <a> 的標籤內容。

```
datas = sp.find_all("a")
```

加入標籤屬性為搜尋條件

在尋找指定標籤的動作時，可以加入屬性做為條件來縮小範圍，有二種方式：

1. 將屬性值做為 find() 或 find_all() 方法的參數，語法：

```
BeautifulSoup 物件 .find 或 find_all( 標籤名稱 , 屬性名稱 = 屬性內容 )
```

例如：讀取所有的 <img> 標籤中屬性 width=20 的內容。

```
datas = sp.find_all("img", width = 20)
```

如果要設定多個屬性條件，就直接再加到後方的參數即可。

另外若要設定的屬性是 class 類別時，因為是保留字，所以要設為 class_ ：

```
datas = sp.find_all("p", class_ = 'red')
```

2. 將屬性值化為字典資料，做為 find() 或 find_all() 方法的參數，語法：

```
BeautifulSoup 物件 .find 或 find_all( 標籤名稱 ,{ 屬性名稱 : 屬性內容 })
```

例如：讀取所有的 <img> 標籤中屬性 width=20 的內容。

```
datas = sp.find_all("img", {"width":"20"})
```

如果要設定多個屬性做為條件，只要將屬性值設為後方字典資料的元素即可。

定義變數：html，其內容為一個網頁原始碼：

```
[11]  1  html = '''
      2  <html>
      3    <head><meta charset="UTF-8"><title>我是網頁標題</title></he
      4    <body>
      5        <p id="p1">我是段落一</p>
      6        <p id="p2" class='red'>我是段落二</p>
      7    </body>
      8  </html>
      9  '''
```

以 find()、find_all() 方法尋找指定標籤：

```
[12]   1   from bs4 import BeautifulSoup
       2   sp = BeautifulSoup(html, 'lxml')
       3   print(sp.find('p'))
       4   print(sp.find_all('p'))
       5   print(sp.find('p', {'id':'p2', 'class':'red'}))
       6   print(sp.find('p', id='p2', class_= 'red'))
```

```
<p id="p1">我是段落一</p>
[<p id="p1">我是段落一</p>, <p class="red" id="p2">我是段落二</p>]
<p class="red" id="p2">我是段落二</p>
<p class="red" id="p2">我是段落二</p>
```

程式說明

■ 1　　　　載入 BeautifulSoup 模組。

■ 2　　　　利用 BeautifulSoup 模組將 html 的內容解析為 sp 物件。

■ 3　　　　用 find() 方式找尋第一個 p 標籤的內容回傳，值是字串。

■ 4　　　　用 find_all() 方式找尋所有 p 標籤的內容回傳，值是串列。

■ 5　　　　用 find() 方式找尋 p 標籤，以字典資料方式設定 id 及 class 屬性。

■ 6　　　　用 find() 方式找尋 p 標籤，直接設定 id 及 class 屬性。

2.2.7 利用 CSS 選擇器找尋內容：select()

在網頁開發中，**CSS 選擇器** 可以讓開發者選定要調整樣式的元素。BeautifulSoup 模組的 select() 方法就是以 CSS 選擇器的方式，尋找所有符合條件的資料，它的回傳值是 **串列**。

選取標籤、id 及 class 類別

1. **選取標籤**：直接設定標籤是最常用的方式，例如：讀取 <title> 標籤：

```
datas = sp.select("title")
```

2. **選取 id 編號**：因為標籤中的 id 屬性不能重複，會是唯一的值，讀取時最明確。
   例如：讀取 id 為 firstdiv 的標籤內容，請記得 id 前必須加上「#」符號。

```
內容範例：<div id="firstdiv"> 文件內容 </div>
選取方式：datas = sp.select("#firstdiv")
```

3. **選取 css 類別名稱**：類別名稱前必須加上「 . 」符號。例如：

```
內容範例：<p class="title"><b> 文件標題 </b></p>
選取方式：data1 = sp.select(".title")
```

4. **複合選取**：當有多層標籤、id 或類別嵌套時，也可以使用 select 方法逐層尋找。
   例如：

```
datas = sp.select("html head title") #html 下的 head 下的 title 內容
```

特別要再提醒，**select() 的回傳即使只有一個值，它還是會以串列表示。**

```
[13]  1  from bs4 import BeautifulSoup
      2  sp = BeautifulSoup(html, 'lxml')
      3  print(sp.select('title'))
      4  print(sp.select('p'))
      5  print(sp.select('#p1'))
      6  print(sp.select('.red'))
```

```
[<title>我是網頁標題</title>]
[<p id="p1">我是段落一</p>, <p class="red" id="p2">我是段落二</p>]
[<p id="p1">我是段落一</p>]
[<p class="red" id="p2">我是段落二</p>]
```

程式說明

- 1 　　　　載入 BeautifulSoup 模組。
- 2 　　　　利用 BeautifulSoup 模組將 html 的內容解析為 sp 物件，html 變
  　　　　　數已在前面定義。
- 3 　　　　用 select() 方式找尋 <title> 標籤回傳，值是串列。
- 4 　　　　用 select() 方式找尋 p 標籤的內容回傳，值是串列。
- 5 　　　　用 select() 方式找尋 id=p1 的標籤回傳，值是串列。
- 6 　　　　用 select() 方式找尋類別 class=red 的標籤回傳，值是串列。

2.2.8 取得標籤的屬性內容

無論是用 find()、find_all()，或是用 select() 所取得的內容都是整個 HTML 的節點物
件內容，例如取得了一個超連結 <a> 的標籤內容後，想要再取出其中連結網址的屬
性值 (href)，該如何處理呢？

如果要取得回傳值中屬性的內容，可以使用 get() 方法或是以字典取值的方式：

```
回傳值 .get(" 屬性名稱 ")
回傳值 [" 屬性名稱 "]
```

定義變數：html，其內容為一個網頁原始碼：

```
[14]  1  html = '''
      2  <html>
      3    <head><meta charset="UTF-8"><title>我是網頁標題</title></he
      4    <body>
      5        <img src="http://www.ehappy.tw/python.png">
      6        <a href="http://www.e-happy.com.tw">超連結</a>
      7    </body>
      8  </html>
      9  '''
```

以 get() 方法和串列元素取得標籤的屬性內容：

```
[15]  1  from bs4 import BeautifulSoup
      2  sp = BeautifulSoup(html, 'lxml')
      3  print(sp.select('img')[0].get('src'))
      4  print(sp.select('a')[0].get('href'))
      5  print(sp.select('img')[0]['src'])
      6  print(sp.select('a')[0]['href'])
```

```
http://www.ehappy.tw/python.png
http://www.e-happy.com.tw
http://www.ehappy.tw/python.png
http://www.e-happy.com.tw
```

程式說明

- 3-4   用 select() 取得圖片 (img) 及超連結 (a) 標籤內容後，用 get() 方法分別取得 src 及 href 的屬性值。

- 5-6   用 select() 取得圖片 (img) 及超連結 (a) 標籤內容後，用字典資料取值的方法分別取得 src 及 href 的屬性值。

使用 Chrome 的開發人員工具檢查網頁結構

許多網頁在結構上十分複雜，無法很快速的找到要爬取的內容在 HTML 原始碼中的位置，此時可以使用 Chrome 的開發人員工具來協助。

由瀏覽器右上角的 **⋮ / 更多工具 / 開發人員工具**，或是按 **F12** 鍵進入 **開發人員工具**，在 **Elements** 頁籤下可以看到原始碼內容。按右上角的 **⋮** 可設定開發人員工具在瀏覽器的位置。

當選取原始碼中的標籤時，網頁內容會立即標示所在位置，並顯示相關的訊息。

也可以直接在網頁上找尋內容在原始碼的位置，如下想要知道圖片在原始碼中的位置，可以在其上按下右鍵，選取 **檢查**，右側即會出現 9 標示原始碼的位置。

另外一個方式是按下畫面左上角的 ⮡ 選取工具後進入選取模式，當滑鼠移到網頁上的內容時會自動標示，右方也會自動標示原始碼的位置。

2.2.9 專題：威力彩開獎號碼

學會了 requests 模組下載網頁檔案內容，也學會了 BeautifulSoup 模組進行解析結構取得資料之後，接下來就要找個目標來實戰了。

以下是台灣彩券 (https://www.taiwanlottery.com.tw) 的官方網站，在首頁中會將各種獎項最新一期的得獎號碼全部整理在頁面上，乍看之下內容非常豐富，不過有時要找到想要的資訊就不是那麼容易了！這裡我們將要挑戰用程式把頁面上威力彩的開獎號碼擷取下來，整理後顯示在螢幕上。

在進行爬取之前，先分析網頁的結構是最重要的工作。開啟 Chrome 的開發人員工具，在頁面中威力彩的區域上按下滑鼠右鍵選 **檢查** 即可在原始碼中找到所屬區域。

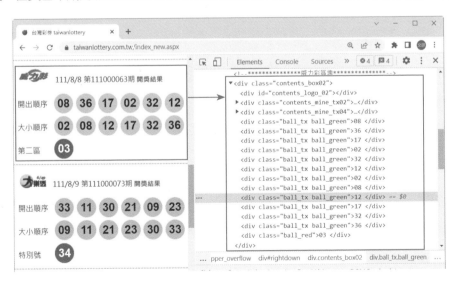

1. 威力彩整個開獎區是在一個 class 類別為「contents_box02」的 \<div\> 中。

2. 該期威力彩的期號在一個 class 類別為「font_black15」的 \<span\> 中。

3. 所有的開獎號碼在 class 類別為「ball_txball_green」的 \<div\> 中，一共有12個，前6個是開出順序，後6個是大小順序。

4. 第二區的開獎號碼在 class 類別為「ball_red」的 \<div\> 中。

```
<!--***************威力彩區塊***************-->
▼<div class="contents_box02"> == $0
  <div id="contents_logo_02"></div>
  ▼<div class="contents_mine_tx02">
     <span class="font_black15">111/8/8 第1
     ▶<span class="font_red14">…</span>
  </div>
  ▶<div class="contents_mine_tx04">…</div>
  <div class="ball_tx ball_green">08 </div>
  <div class="ball_tx ball_green">36 </div>
  <div class="ball_tx ball_green">17 </div>
  <div class="ball_tx ball_green">02 </div>
  <div class="ball_tx ball_green">32 </div>
  <div class="ball_tx ball_green">12 </div>
  <div class="ball_tx ball_green">02 </div>
  <div class="ball_tx ball_green">08 </div>
  <div class="ball_tx ball_green">12 </div>
  <div class="ball_tx ball_green">17 </div>
  <div class="ball_tx ball_green">32 </div>
  <div class="ball_tx ball_green">36 </div>
  <div class="ball_red">03 </div>
</div>
```

範例：查詢威力彩開獎號碼

完成了結構的分析，接著就可以進行爬蟲了！

```
[16]  1  import requests
      2  from bs4 import BeautifulSoup
      3  url = 'https://www.taiwanlottery.com.tw/'
      4  r = requests.get(url)
      5  sp = BeautifulSoup(r.text, 'lxml')
      6  # 找到威力彩的區塊
      7  datas = sp.find('div', class_='contents_box02')
      8  # 開獎期數
      9  title = datas.find('span', 'font_black15').text
     10  print('威力彩期數：', title)
     11  # 開獎號碼
     12  nums = datas.find_all('div', class_='ball_tx ball_green')
     13  # 開出順序
     14  print('開出順序：', end=' ')
     15  for i in range(0,6):
     16      print(nums[i].text, end=' ')
     17  # 大小順序
     18  print('\n大小順序：', end=' ')
     19  for i in range(6,12):
     20      print(nums[i].text, end=' ')
     21  # 第二區
     22  num = datas.find('div', class_='ball_red').text
     23  print('\n第二區：', num)
```

輸出結果：

```
威力彩期數：111/8/8 第111000063期
開出順序： 08  36  17  02  32  12
大小順序： 02  08  12  17  32  36
第二區： 03
```

程式說明

- **1-2** 　載入 requests 模組及 BeautifulSoup 模組。

- **3-5** 　取得台灣彩券網站的原始碼，並利用 BeautifulSoup 模組將原始碼的內容解析為 sp 物件。

- **7** 　在 sp 中用 find() 方式找尋第一個 class 類別為「contents_box02」的 <div>，即是威力彩開獎號碼所在的節點，最後儲存在 datas 中。

- **9** 　在 datas 中用 find() 方式找尋 class 類別為「font_black15」的 <span>，即是威力彩的期號，最後儲存在 title 中。

- **12** 　在 datas 中用 find_all() 方式找尋所有 class 類別為「ball_txball_green」的 <div> 標籤內容，儲存到 nums 中，這些內容是開獎號碼。

- **15-16** 　用 for range 迴圈，將 nums 裡前 6 個號碼取出並組合顯示在螢幕上，這是用開出順序所排列的得獎號碼。

- **19-20** 　用 for range 迴圈，將 nums 裡後 6 個號碼取出並組合顯示在螢幕上，這是用大小順序所排列的得獎號碼。

- **22-23** 　在 datas 中用 find() 方式找尋 class 類別為「ball_red」的 <div>，即是第二區的號碼，顯示在螢幕上。

2.3 使用正規表達式

正規表達式 (regularexpression，簡稱 regex)，簡單來說就是用一定的規則處理字串的方法。它能透過一些特殊符號的輔助，讓使用者輕易對於資料內容進行檢查格式或搜尋取代的處理。

2.3.1 正規表達式的使用

正規表達式是用來篩選與搜尋字串的配對規則 (pattern)，推薦可以使用網站「http://pythex.org/」來練習測試正規表達式的設定方式。

例如要用正規表達式描述一串整數數字，可以用 [0123456789]，中括號 [] 框住的內容代表合法的字元群，也就是搜尋配對的內容必須是 0~9 的數字。因此，該正規表達式就可以找出整數數字，如 126706、9902、8 等。

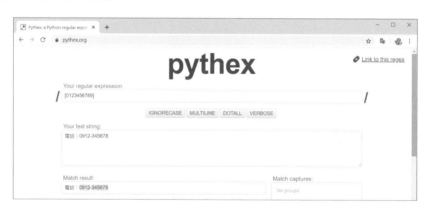

然而，在正規表達式中，為了更簡化撰寫，允許用 [0-9] 這樣簡便的縮寫法表達同樣的概念，其中的 0-9 其實就代表了 0123456789 等字元。甚至可以再度縮短後以 [\d] 代表，其中的 \d 就代表數字所組成的字元集合。

檢查行動電話號碼格式

台灣行動電話「xxxx-xxxxxx」的格式，可用如下正規表達式。

```
'\d\d\d\d-\d\d\d\d\d\d'
```

由於 \ 是跳脫字元，最好在正規表達式中的 \ 跳脫字元前再加上 \ 字元，如下：

```
'\\d\\d\\d\\d-\\d\\d\\d\\d\\d\\d'
```

這樣有點麻煩，可以在正規表達式前加上「r」字元。

```
r'\d\d\d\d-\d\d\d\d\d\d'
```

也可以再簡化如下：

```
r'\d{4}-\d{6}' 木木木木木
```

正規表達式特殊字元表

正規表達式	功能說明	範例
.	代表一個除了換列字元 (\n) 以外的所有字元。	a.c 匹配 **a1c**23 => a1c
^	代表輸入列的開始。	^ab 匹配 **ab**c23 => ab ^ab 匹配 a1c23 => None
$	代表輸入列的結束。	23$ 匹配 a1c**23** => 23 34$ 匹配 a1c23 => None
*	代表前一個項目可以出現 0 次或無限多次。	ac* 匹配 **acc**123 => acc ac* 匹配 **ac**123 => ac
+	代表前一個項目可以出現 1 次或無限多次。	ac+ 匹配 **accc**123 => accc ac+ 匹配 **ac**123 => ac
?	代表前一個項目可以出現 0 次或 1 次。	ac? 匹配 **ac**cc123 => ac ac? 匹配 **a**123 => a
[abc]	代表符合 a 或 b 或 c 的任何字元。	[abc] 匹配 d12**bc**3 => bc [abc]+ 匹配 d**ab**12**bc**3 => abbc
[a-z]	代表符合 a、b、c ~z 的任何字元。	[a-z]+ 匹配 **cd**12**bc**3 => cdbc
\	代表後面的字元以一般字元處理。	a\+ 匹配 **a+**aaaa => a+
{m}	代表前一個項目必須正好出現 m 數。	a{2} 匹配 **aa**abbb=> aa
{m,}	代表前一個項目出現次數最少 m 次，最多無限次。	a{2,} 匹配 **aaa**bbb => aaa
{m,n}	代表前一個項目出現次數最少 m 次，最多 n 次。	a{2,4} 匹配 **aaaa**abb => aaaa

正規表達式	功能說明	範例
\d	數字字元，相當於 [0123456789] 或 [0-9]。	\d+ 匹配 a**12**bc => 12
^	反運算，例如：[^a-d] 代表除了 a、b、c、d 以外的所有字元。	[^a-d]+ 匹配 a**12s**bc => 12s
\D	非數字字元，相當於 [^0-9]。	'[\D]+ 匹配 12**cd**34 => cd
\n	換列字元。	
\r	回列首字元 (carriage return)。	
\t	tab 定位字元。	
\s	空白、定位、Tab 鍵、跳列、換頁字元，相當於 [\r\t\n\f]。	[a\sb]+ 匹配 **a b**c => a b
\S	非空白、定位、Tab 鍵、跳列、換頁字元，相當於 [^ \r\t\n\f]。	[a\S]+ 匹配 **a b**c => abc
\w	數字、字母或底線字元，相當於 [0-9a-zA-Z_]。	[\w]+ 匹配 **12bc_AB***% => 12bc_AB
\W	非數字、字母或底線字元，相當於 [^\w]，即 [^0-9a-zA-Z_]。	[\W]+ 匹配 12bc_AB***%** =>*%

註：上表範例的測試結果如果是以 re.match()、re.search() 或 re.findall() 測試，將會因搜尋方式不同，得到不同的結果。有關 re.match()、re.search() 和 re.findall() 方法的使用會在後面單元詳細說明。

2.3.2 正規表達式的範例

用途途	正規表達式	範例
整數	[0-9]+	33025
浮點數	[0-9]+\.[0-9]+	75.93
英文單字	[A-Za-z]+	Python
變數名稱	[A-Za-z_][A-Za-z0-9_]*	_pointer
Email	[a-zA-Z0-9._-]+ @[a-zA-Z0-9\._-]+	guest@mail.com
URL	http://[a-zA-Z0-9\./_-]+	http://e-happy.com.tw/

2.3.3 建立正規表達式物件

使用正規表示式，必須載入 re 模組，再利用 re 提供的方法搜尋指定字串中符合正規表達式的內容回傳。

```
import re
回傳結果物件 = re.方法 ( 正規表達式 , 搜尋字串 )
```

它必須傳入兩個參數，使用時會在正規表達式參數前加上「r」字元，防止正規表達式字串內的「\」脫逸字元被轉譯。

例如：以 search() 方法搜尋「abc123xyz」字串中的數字。

```
[3]  1  import re
     2  m = re.search(r'[0-9]+','abc123xyz')
```

2.3.4 正規表達式物件的方法

建立正規表達式物件後，再利用正規表達式物件的方法搜尋指定的字串。正規表達式物件提供下列的方法：

方法	說明
match(string)	由字串起頭開始傳回指定字串中符合正規表達式的字串，直到不符合字元為止，並把結果存入 MatchObject 物件中；若無符合字元，傳回 None。
search(string)	傳回指定字串中第一組符合正規表達式的字串，並把結果存入 MatchObject 物件中；若無符合字元會傳回 None。
findall(string)	傳回指定字串中所有符合正規表達式的字串，並傳回一個串列；若無符合字元，傳回空的串列。

match() 方法

傳回由字串起頭開始指定字串中符合正規表達式的字串，直到不符合的字元為止，並把結果存入 MatchObject 物件中；若無符合字元，傳回 None。

```
[21]  1   import re
      2   m = re.match(r'[a-z]+','abc123xyz')
      3   print(m)
```

```
<re.Match object; span=(0, 3), match='abc'>
```

傳回 <re.Matchobject;span=(0, 3),match='abc'> 的 MatchObject 物件，可利用以下方法取得結果，如下：

方法	説明
group()	傳回符合正規表達式的字串，若無符合則傳回 None。
start()	傳回 match 的開始位置。
end()	傳回 match 結束位置。
span()	傳回 (開始位置 , 結束位置) 的元組物件。

如在上例中 match 物件得到的結果如下：

```
[22]  1   if m != None:
      2       print(m.group())    #abc
      3       print(m.start())    #0
      4       print(m.end())      #3
      5       print(m.span())     #(0, 3)
```

```
abc
0
3
(0, 3)
```

search() 方法

傳回指定字串中第一組符合正規表達式的字串，並把結果存入 MatchObject 物件之中；若無符合字元則傳回 None。

例如：以 search() 方法搜尋「abc123xyz」字串，得到 MatchObject 物件結果如下。

```
1  import re
2  m = re.search(r'[a-z]+', 'abc123xyz')
3  print(m)        # <re.Match object; span=(0, 3), match='abc'>
4  if m != None:
5      print(m.group())  # abc
6      print(m.start())  # 0
7      print(m.end())    # 3
8      print(m.span())   # (0,3)
```

```
<re.Match object; span=(0, 3), match='abc'>
abc
0
3
(0, 3)
```

findall() 方法

以串列的格式傳回指定字串中所有符合正規表達式的字串,若無符合則傳回空串列。
例如:以 findall() 方法搜尋「abc123xyz」字串,得到的結果為 ['abc','xyz'] 串列。

```
[24]  1  import re
      2  m = re.findall(r'[a-z]+', 'abc123xyz')
      3  print(m)      # ['abc', 'xyz']
```

```
['abc', 'xyz']
```

2.3.5 使用正規表達式取代內容

使用 sub() 方法可以新的字串取代搜尋的字串,並傳回被取代後的字串,而原來被搜尋的字串仍然不變。語法如下:

```
回傳結果 = re.sub( 正規表達式 , 取代字串 , 搜尋字串 , count=0)
```

前 3 個為必須的參數,第 4 個參數 count 為選擇性的參數,表示取代的次數,預設為 0 表示全部取代。

例如:將 "Password:1234,ID:5678" 字串中數字密碼和 ID 號碼都以 * 字元替換,即 "Password:*,ID:*"。

```
[25]  1  import re
      2  result = re.sub(r"\d+", "*", "Password:1234,ID:5678")
      3  print(result)   # Password:*,ID:*
```

```
Password:*,ID:*
```

2.3.6 範例：正規表達式練習

假設 HTML 原始碼如下，請以正規表達式讀取指定的內容。

定義變數：html，其內容為一個網頁原始碼。

```
[26]   1   html = """
       2   <div class="content">
       3      E-Mail : <a href="mailto:mail@test.com.tw">
       4        mail</a><br>
       5      E-Mail2 : <a href="mailto:mail2@test.com.tw">
       6        mail2</a><br>
       7      <ul class="price">定價：360元 </ul>
       8      <img src="http://test.com.tw/p1.jpg">
       9      <img src="http://test.com.tw/p2.png">
      10      電話：(04)-76543210、0937-123456
      11   </div>
      12   """
```

讀取正規表達式指定的內容。

```
[20]   1   import re
       2   pattern=r'[a-zA-Z0-9_.+-]+@[a-zA-Z0-9-]+\.[a-zA-Z0-9-.]+'
       3   emails = re.findall(pattern,html)
       4   for email in emails: #顯示 email
       5       print(email)
       6
       7   price=re.findall(r'[\d]+元',html)[0].split('元')[0] #價格
       8   print(price) #顯示定價金額
       9
      10   imglist = re.findall(r'[http://]+[a-zA-Z0-9-/.]+\.[jpgpng]+',html)
      11   for img in imglist: #
      12       print(img) #顯示圖片網址
      13
      14   phonelist = re.findall(r'\(?\d{2,4}\)?-\d{6,8}',html)
      15   for phone in phonelist:
      16       print(phone) #顯示電話號碼
```

```
mail@test.com.tw
mail2@test.com.tw
360
http://test.com.tw/p1.jpg
http://test.com.tw/p2.png
(04)-76543210
0937-123456
```

程式說明

- 2-5　以正規表達式 r'[a-zA-Z0-9_.+-]+@[a-zA-Z0-9-]+\.[a-zA-Z0-9-.]+ 讀取 html 字串中所有的 e-mail。

- 7-8　以 r'[\d]+元 ' 讀取如 360 元以「元」為結尾的字串，因此會讀取到「class="price"」中的金額和「元」，即 360 元。再以 split(' 元 ')[0] 去除 360 元中的「元」得到數字 360。

- 10-12　以 r'[http://]+[a-zA-Z0-9-/.]+\.[jpgpng]+' 取得如 http://*.jpg 和 http://*.png 等格式的圖片網址。

- 14-16　以 r'\(?\d{2,4}\)?\-\d{6,8}' 取得電話和手機號碼，它會以「-」字元分為前後兩組數字號碼，第一組 \(?\d{2,4}\) 有 2~4 個數字，數字前後也可以包括「()」字元，如 02、(02)、(049)、0937 等均符合第一組；第二組 \d{6,8} 有 6~8 個數字，如 123456、7654321、99887766 等均符合第二組。

Chapter

03

數據資料的儲存與讀取

3.1 檔案的讀寫

3.1.1 檔案的建立與寫入

使用內建的函式 open 可以開啟指定的檔案,包括文字檔案和二進位檔案,以便進行
檔案內容的讀取與寫入。

open() 函式

```
open( 檔案名稱 [, 模式 ][,encoding= 編碼 ])
```

open() 函式會產生檔案物件,最常使用的參數是檔案名稱、模式和編碼參數,其中
只有第一個檔案名稱是不可省略,其他的參數若省略時會使用預設值。

- **檔案名稱**:設定檔案的名稱,它是字串型態,可以是相對路徑或絕對路徑,如果
  沒有設定路徑,則會預設為目前執行程式的目錄。

- **模式**:設定檔案開啟的模式,是字串型態,省略預設為 r 讀取模式。模式設定時
  再加上 t 表示為文字檔案,b 是二進位檔案,如果省略時預設為 t。

模式	說明	模式	說明
r	讀取模式,此為預設模式。	r+	可讀寫模式,指標會置於檔頭。
w	覆寫模式,若檔案已存在,內容將會被覆蓋。	w+	可讀寫模式,指定檔案不存在時會建立檔案再寫入檔案,若檔案已存在,寫入內容會覆蓋原內容。
a	附加模式,若檔案已存在,內容會被附加至檔案尾端。	a+	可讀寫模式,指定檔案不存在時會建立檔案再寫入檔案,若檔案已存在,寫入內容會附加至檔案尾端。

- **encoding**:指定檔案的編碼模式。檔案的讀寫都必須設定正確的編碼,當不一致
  時就會產生亂碼。Colab 主機是 Linux 作業系,預設是 UTF-8 (大小寫都可以) 編
  碼,而繁體中文的 Windows 系統中預設的編碼是 cp950 (big5),為了避免問題發
  生,建議使用 UTF-8 編碼。

檔案的寫入

open() 函式會建立一個檔案物件，利用這個物件就可以處理檔案，例如要寫入資料時可以使用 write() 函數，最後當檔案處理結束必須以 close() 函式關閉檔案。例如：

```
[2]  1  content='''Hello Python
     2  中文字測試
     3  Welcome'''
     4  f=open('file1.txt', 'w' ,encoding='utf-8')
     5  f.write(content)
     6  f.close()
```

執行結果：

```
筆記本  file1.txt  ×
1  Hello Python
2  中文字測試
3  Welcome
```

程式說明

- 1-3　　　宣告多行字串變數：content。
- 4　　　　以覆寫模式開啟 <file1.txt>，編碼為 utf-8，換行符號為空白。
- 5　　　　將變數寫入檔案中。
- 6　　　　關閉檔案。

使用 with 敘述開啟檔案

檔案的開啟也可以使用 with 敘述，因為敘述結束後會自動關閉檔案，不需要再以 close() 關閉檔案。例如用 with 敘述的方式改寫剛才的程式碼：

```
[4]  1  content='''Hello Python
     2  中文字測試
     3  Welcome'''
     4  with open('file1.txt', 'w' ,encoding='utf-8') as f:
     5    f.write(content)
```

執行結果會是相同的，使用 with 進行檔案開啟是較為推薦的方式。

3.1.2 檔案讀取及處理

檔案開啟之後,除了寫入內容之外,其實還可以進行許多處理,常用處理檔案內容的函式如下:

函式	說明
close()	關閉檔案,檔案關閉後就不能再進行讀寫的操作。
flush()	檔案在關閉時會將資料寫入檔案中,也可以使用 flush() 強迫將緩衝區的資料立即寫入檔案中,並清除緩衝區。
read([size])	由目前位置讀取 size 長度的字元,並將目前位置往後移動 size 個字元。如果未指定長度則會讀取所有字元。
readable()	測試是否可讀取。
readline([size])	讀取目前文字指標所在列中 size 長度的文字內容,若省略參數,則會讀取一整列,包括 "\n" 字元。
readlines()	讀取所有列,它會傳回一個串列。
next()	移動到下一列。
seek()	將指標移到文件指定的位置。
tell()	傳回文件目前位置。
write(str)	將指定的字串寫入文件中,它沒有返回值。
writelines(list)	將指定的串列寫入文件中,它沒有返回值。
writable()	測試是否可寫入。

read()

read() 函式會從目前的指標位置,讀取指定長度的的字元,如果未指定長度則會讀取所有的字元。例如:讀取 <file1.txt> 檔案的前 5 個字元。

```
[5]  1  with open('file1.txt', 'r', encoding='utf-8') as f:
     2    output_str=f.read(5)
     3    print(output_str)   # Hello

Hello
```

readline()

讀取目前文字指標所在列中 size 長度的文字內容，若省略參數，則會讀取一整列，包括 "\n" 字元。例如：讀取 UTF-8 編碼的 <file1.txt> 檔案內容。

```
[7]  1  with open('file1.txt', 'r', encoding ='UTF-8') as f:
     2      print(f.readline())
     3      print(f.readline(3))

Hello Python

中文字
```

上例中以 readline() 讀取第一列，因為包含 \n 跳列字元，因此以 print() 顯示時，中間會多出一列空白列。

readline() 讀取後指標會移動到下一列，即第二列，因此 f.readline(3) 會讀取第二列的前面 3 個字元。

readlines()

讀取全部文件內容，它會以串列方式傳回，每一列會成為串列中的一個元素。

例如：讀取 <file1.txt> 檔案的所有的文件內容。

```
[8]  1  with open('file1.txt', 'r', encoding='utf-8') as f:
     2      content=f.readlines()
     3      print(type(content))
     4      print(content)

<class 'list'>
['Hello Python\n', '中文字測試\n', 'Welcome']
```

執行結果：

```
<class 'list'>
['Hello Python\n', ' 中文字測試 \n', 'Welcome']
```

readlines() 以串列傳回所有文件內容，包括 \n 跳列字元，甚至是隱含的字元。

BOM 的處理

BOM (Byte Order Mark) 是用來標示文件編碼的標記。若使用 Windows 系統中文軟體，當檔案為 unicode 編碼時會自動加入，而且會加在檔案的最前方。

例如：請先上傳 <file2.txt> 檔到 Colab 主機，再讀取 UTF-8 編碼的 <file2.txt> 檔案的文件內容。

```
[9]  1  with open('file2.txt', 'r', encoding ='UTF-8') as f:
     2      print(f.readlines())
```

執行結果：

```
['\ufeff123 中文字 \n', 'abcde\n', 'hello\n']
```

有沒有注意到，串列內容資料最前面多了一個「\ufeff」字元，這個字元就是 BOM。平時雖然看不見，但在資料處理時經常會造成誤判，有經驗的程式設計師會用其他的文件編輯器，如 NotePad++，選擇 **編譯成 UTF-8 碼 (檔首無 BOM)** 去除。

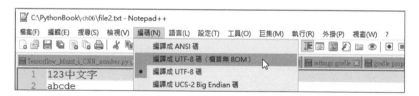

使用 open() 函式開啟含有 BOM 的檔案時，可以設定「encoding='UTF-8-sig'」，如此會將 BOM 與文件分離單獨處理。

例如：讀取 UTF-8 編碼的 <file2.txt> 檔案的文件內容，並分離 BOM。

```
[11]  1  with open('file2.txt', 'r', encoding ='UTF-8-sig') as f:
      2      print(f.readlines())
```

執行結果：

```
[' 中文字 \n', 'abcde\n', 'hello\n']
```

3.2 csv 資料的儲存與讀取

csv 是許多資料編輯、讀取及儲存時很喜歡的格式，因為是純文字檔案，操作方便而且輕量。Python 可以使用 csv 模組輕鬆存取 .csv 檔案。

3.2.1 認識 CSV

CSV (Comma Separated Values) 是一種以符號分隔值的資料格式並以純文字的方式儲存為檔案，其中常用的符號為「,」。最廣泛的應用是在程式之間進行資料的交換，因為許多程式都有專屬的資料檔案，為了與其他的程式相通，就必須將資料內容轉換為通用格式方便其他程式使用，而 CSV 就是其中很受歡迎的選項。

csv 檔案是純文字的檔案，編輯時可以直接使用文字編輯器，如 Windows 內建的記事本，但是在閱讀上有時會較為不方便。Excel 也可以直接編輯、讀取及儲存 csv 檔案，以欄列的方式來顯示 csv 檔案的內容較易閱讀，因此有較多的人都會利用 Excel 來開啟編輯 csv 檔案。

3.2.2 csv 檔案儲存

可以使用串列或字典資料類型，將資料寫入 csv 檔案。而串列的寫入方式又分為：

1. csv 寫入物件 **.writerow()**：寫入一維串列。
2. csv 寫入物件 **.writerows()**：寫入二維串列。

將一維串列資料寫入 csv 檔案

利用 csv 的 writer 方法，可以建立一個寫入 csv 檔案的物件，再利用 writerow 方法就可以寫入一維的串列資料。例如：寫入 <test1.csv> 檔。

```
[13]  1  import csv
      2  # 開啟輸出的 csv 檔案
      3  with open('test1.csv', 'w', newline='') as csvfile:
      4    # 建立 csv 檔寫入物件
      5    writer = csv.writer(csvfile)
      6
      7    # 寫入欄位名稱
      8    writer.writerow(['姓名', '身高', '體重'])
      9    # 寫入資料
     10    writer.writerow(['chiou', 170, 65])
     11    writer.writerow(['David', 183, 78])
```

開啟 csv 檔案時加上參數 newline=''，可以讓資料中的換行字元被正確解析。由於 Colab 預設是以 utf-8 編碼存檔，將 <test1.csv> 檔案下載到 Windows 中文系統的本機後開啟中文會出現亂碼。請以記事本開啟下載的 <test1.csv> 檔案再另存為 ANSI 編碼。

下列為以 ANSI 編碼儲存後的檔案，資料是以逗號「,」為分隔字元儲存，以下用二種編輯器開啟如下：

將二維串列資料寫入 csv 檔案

除了一維的串列資料之外，也可以利用 writerows 方法寫入二維的串列資料。例如：寫入 <test2.csv> 檔。

```
[18]  1  import csv
      2  # 建立csv二維串列資料
      3  csvtable = [
      4    ['姓名', '身高', '體重'],
      5    ['Chiou', 170, 65],
      6    ['David', 183, 78],
      7  ]
      8  # 開啟輸出的 csv 檔案
      9  with open('test2.csv', 'w', newline='') as csvfile:
     10    # 建立 csv 檔寫入物件
     11    writer = csv.writer(csvfile)
     12
     13    # 寫入二維串列資料
     14    writer.writerows(csvtable)
```

將字典資料寫入 csv 檔案

也可以使用 csv.DictWriter 直接將字典類型的資料寫入 csv 檔案中。

```
[3]  1  import csv
     2  with open('test.csv', 'w', newline='') as csvfile:
     3    # 定義欄位
     4    fieldnames = ['姓名', '身高', '體重']
     5
     6    # 將 dictionary 寫入 csv 檔
     7    writer = csv.DictWriter(csvfile, fieldnames=fieldnames)
     8
     9    # 寫入欄位名稱
    10    writer.writeheader()
    11    # 寫入資料
    12    writer.writerow({'姓名': 'chiou', '身高': 170, '體重': 65})
    13    writer.writerow({'姓名': 'David', '身高': 183, '體重': 78})
```

3.2.3 csv 檔案讀取

將 csv 檔案中資料,讀取為串列或字典格式,方法如下:

1. 讀取為串列格式:csv.reader()。
2. 讀取為字典格式:csv.DictReader()。

讀取 csv 檔案為串列資料

利用 csv 的 **reader** 方法,可以讀取 csv 檔案內容,例如:讀取 <test1.csv> 檔。

```
[4]   1  import csv
      2  # 開啟 csv 檔案
      3  with open('test1.csv', newline='') as csvfile:
      4      # 讀取 csv 檔案內容
      5      rows = csv.reader(csvfile)
      6      # 以迴圈顯示每一列
      7      for row in rows:
      8          print(row)
```

```
['姓名', '身高', '體重']
['chiou', '170', '65']
['David', '183', '78']
```

讀取 csv 檔案為字典資料

也可以將 csv 檔案的內容讀取進來之後,轉為 Python 的 dictionary 格式。

```
[ ]   1  import csv
      2  # 開啟 csv 檔案
      3  with open('test1.csv', newline='') as csvfile:
      4      # 讀取 csv 檔內容,將每一列轉成 dictionary
      5      rows = csv.DictReader(csvfile)
      6      # 以迴圈顯示每一列
      7      for row in rows:
      8          print(row['姓名'],row['身高'],row['體重'])
```

```
chiou 170 65
David 183 78
```

以 csv.DictReader 來讀取 csv 檔案內容時,會自動將第一列(row)當作欄位名稱,第二列以後的每一列轉為 dictionary。

∃.∃ json 資料的儲存與讀取

json 是一個越來越流行的資料格式，不僅相容性高，json 結構清楚又操作方便，深得許多開發者的喜愛。在 Python 可以使用 json 模組就能輕鬆存取。

∃.∃.1 認識 **json**

json (JavaScript Object Notation) 是一個以文字為基礎、輕量級的資料格式。json 的格式十分容易閱讀及理解，所以廣泛的被應用在其他的程式語言中，甚至有越來越多程式都使用它來取代過去常用的可延伸標記式語言：XML。

JSON 是利用 **資料物件 (object)** 及 **清單陣列 (Array)** 的方式來描述資料結構與內容：

1. **資料物件**：是用來描述單筆資料，內容是使用「{...}」符號包含起來。一個物件中包含一系列非排序的鍵 (名稱) / 值對，鍵和值之間使用「：」隔開，多個鍵 / 值對之間使用「,」分割。

2. **清單陣列**：是用來描述多筆資料，內容是使用「[...]」符號包含起來。每筆資料之間使用「,」區隔。

以下利用一個範例來說明，這是一個班級成績表，一旁同時以 JSON 格式來對照：

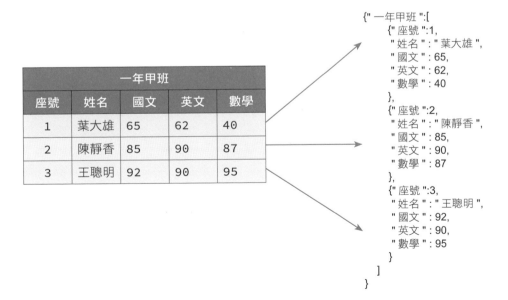

3.3.2 json 模組的使用

json 模組是 Python 內建的模組，使用前並不需要安裝。它重要的函數如下：

函數	說明
json.load (檔案物件)	由 json 格式檔案載入為 json 資料。
json.loads (字串)	由 json 格式字串載入為 json 資料。
json.dump (字串 , 檔案物件)	將 json 資料寫入到檔案。
json.dumps (字串)	將 json 資料輸出為字串。

其實在使用上十分容易分辨，如果是由字串載入或是輸出，使用的函數名稱就會有「s」，例如 json.loads() 及 json.dumps()；如果是由檔案載入或是寫入就沒有，例如 json.load() 及 json.dump()。

3.3.3 json 讀取資料

python 程式中可以由字串或是檔案中讀取資料，成為 json 的資料內容。

loads 讀取 json 字串

```
1    import json
2    class_str = """
3    {
4      "一年甲班": [
5        {
6          "座號": 1,
7          "姓名": "葉大雄",
8          "國文": 65,
9          "英文": 62,
10         "數學": 40
11       },
12       {
13         "座號": 2,
14         "姓名": "陳靜香",
15         "國文": 85,
16         "英文": 90,
17         "數學": 87
18       },
```

```
19        {
20            "座號": 3,
21            "姓名": "王聰明",
22            "國文": 92,
23            "英文": 90,
24            "數學": 95
25        }
26    ]
27  }
28  """
29  datas = json.loads(class_str)
30  print(type(datas))
31  for data in datas["一年甲班"]:
32      print(data, data['姓名'])
```

執行結果：

```
⊡  <class 'dict'>
   {'座號': 1, '姓名': '葉大雄', '國文': 65, '英文': 62, '數學': 40} 葉大雄
   {'座號': 2, '姓名': '陳靜香', '國文': 85, '英文': 90, '數學': 87} 陳靜香
   {'座號': 3, '姓名': '王聰明', '國文': 92, '英文': 90, '數學': 95} 王聰明
```

程式說明

- 1　　　載入 json 模組。

- 2-28　　宣告 json 格式字串變數：class_str。

- 29　　　使用 json.loads() 載入 json 格式字串到 datas 變數中。

- 30　　　顯示 datas 的資料形態，結果為字典：dict。

- 31-32　依序顯示每一筆資料，以及每筆資料「姓名」欄位內容。

load 讀取 json 檔案

以下的範例將把剛才程式中 json 字串另存到 <class_str.json> 中，請上傳 <class_str.json> 檔到 Colab 專案中，利用 json.load() 讀取檔案中的資料：

```
[6]  1  import json
     2  with open('class_str.json', 'r', encoding='utf-8') as f:
     3      datas = json.load(f)
     4      print(type(datas))
     5      for data in datas["一年甲班"]:
     6          print(data, data['姓名'])
```

執行結果:

```
<class 'dict'>
{'座號': 1, '姓名': '葉大雄', '國文': 65, '英文': 62, '數學': 40} 葉大雄
{'座號': 2, '姓名': '陳靜香', '國文': 85, '英文': 90, '數學': 87} 陳靜香
{'座號': 3, '姓名': '王聰明', '國文': 92, '英文': 90, '數學': 95} 王聰明
```

程式說明

- 1　　　　載入 json 模組。
- 2　　　　以讀取模式，utf-8 編碼開啟 <class_str.json> 檔案成為 f 檔案物件。
- 3　　　　使用 json.load() 載入 f 檔案內容到 datas 變數中。
- 4　　　　顯示 datas 的資料形態，結果為字典：dict。
- 5-6　　　依序顯示每一筆資料，以及每筆資料「姓名」欄位內容。

3.3.4 json 輸出資料

python 程式中可以由字串或是檔案中輸出成為 json 的資料內容。

dumps 輸出 json 字串

```
[9]  1  import json
     2  with open('class_str.json', 'r', encoding='utf-8') as f:
     3    datas = json.load(f)
     4  print(datas, type(datas))
     5  dumpdata = json.dumps(datas, ensure_ascii=False)
     6  print(dumpdata, type(dumpdata))
```

執行結果:

```
{' 一年甲班 ': [{' 座號 ': 1, ' 姓名 ': ' 葉大雄 ', ' 國文 ': 65, ' 英文 ': 62,
 ' 數學 ': 40}, {' 座號 ': 2, ' 姓名 ': ' 陳靜香 ', ' 國文 ': 85, ' 英文 ': 90,
 ' 數學 ': 87}, {' 座號 ': 3, ' 姓名 ': ' 王聰明 ', ' 國文 ': 92, ' 英文 ': 90,
 ' 數學 ': 95}]} <class 'dict'>
{" 一年甲班 ": [{" 座號 ": 1, " 姓名 ": " 葉大雄 ", " 國文 ": 65, " 英文 ": 62,
 " 數學 ": 40}, {" 座號 ": 2, " 姓名 ": " 陳靜香 ", " 國文 ": 85, " 英文 ": 90,
 " 數學 ": 87}, {" 座號 ": 3, " 姓名 ": " 王聰明 ", " 國文 ": 92, " 英文 ": 90,
 " 數學 ": 95}]} <class 'str'>
```

程式說明

- ■ 1-3　載入 json 模組，以讀取模式，utf-8 編碼開啟 <class_str.json>
  檔案成為 f 檔案物件，使用 json.load() 載入 f 檔案內容到 datas
  變數中。

- ■ 4　　顯示 datas 的內容及資料形態，目前的資料形態為字典 (dict)。

- ■ 5　　使用 json.dumps() 輸出資料到 dumpdata 變數中，**設定參數
  ensure_ascii=False 是為了讓資料中的中文能正確顯示**。

- ■ 6　　顯示 dumpdata 的內容及資料形態，資料形態為字串 (str)。

設定 ensure_ascii=False 參數

json 模組輸出資料時，預設會以 ASCII 的方式來執行結果，一旦資料的內容有中
文即會因為這個因素以 ASCII 來表示，看起來就像是亂碼一般。如果要能正確顯
示中文，請設定 ensure_ascii=False 參數讓中文以正常的方式輸出。

---

dump 輸出 json 檔案

```
[16]  1  import json
      2  with open('class_str.json', 'r', encoding='utf-8') as f:
      3    datas = json.load(f)
      4  with open('new_class_str.json', 'w', encoding='utf-8') as f:
      5    json.dump(datas, f, ensure_ascii=False)
```

執行結果：

程式說明

- ■ 1-3　載入 json 模組，以讀取模式，utf-8 編碼開啟 <class_str.json>
  檔案成為 f 檔案物件，使用 json.load() 載入 f 檔案內容到 datas
  變數中。

- ■ 4-5　使用 json.dump() 輸出資料到 <new_class_str.json> 檔案中，
  設定參數 ensure_ascii=False 是為了讓資料中的中文能正確顯示。

3.4 Excel 資料儲存與讀取

openpyxl 模組可以存取最新版的 Excel 文件格式,要特別注意的是它只支援 .xlsx 格式,並不支援 .xls 格式。Colab 預設安裝 openpyxl 模組,可以直接使用。

3.4.1 Excel 檔案新增及儲存

openpyxl 模組新增及儲存的流程

用 openpyxl 模組儲存 xlsx 檔

將指定的資料儲存到 <test.xlsx> 檔。

```
[1]  1  import openpyxl
     2  # 建立一個工作簿
     3  workbook=openpyxl.Workbook()
     4  # 取得第 1 個工作表
     5  sheet = workbook.worksheets[0]
```

```
6    # 以儲存格位置寫入資料
7    sheet['A1'] = '一年甲班'
8    # 以串列寫入資料
9    listtitle=['座號', '姓名', '國文', '英文', '數學']
10   sheet.append(listtitle)
11   listdatas=[[1, '葉大雄', 65, 62, 40],
12              [2, '陳靜香', 85, 90, 87],
13              [3, '王聰明', 92, 90, 95]]
14   for listdata in listdatas:
15       sheet.append(listdata)
16   # 儲存檔案
17   workbook.save('test.xlsx')
```

3.4.2 **Excel** 檔案讀取及編輯

openpyxl 模組讀取檔案及編輯的流程

載入模組

import **openpyxl**

開啟工作簿

活頁簿物件

workbook=openpyxl.**load_workbook**(excel 檔案)

用 load_workbook(檔案) 開啟活頁簿物件

取得工作表

工作表物件

sheet=workbook.**worksheets**[0]

用 worksheets[] 依索引值取工作表

取得資料

❶ sheet.**max_row**   取得總列數

❷ sheet.**max_column**   取得總欄數

❸ sheet.**cell(row, column)**   取得指定欄列中的值

儲存工作簿

workbook.**save**('file.xlsx')

用 save() 儲存檔案

用 openpyxl 模組讀取 xlsx 檔

讀取 <test.xlsx> 檔內容，讀取內容列印出相關訊息，最後修改 A1 儲存格內容為「二年甲班」並存檔。

```python
1  import openpyxl
2  #  讀取檔案
3  workbook = openpyxl.load_workbook('test.xlsx')
4  # 取得第 1 個工作表
5  sheet = workbook.worksheets[0]
6  # 取得指定儲存格
7  print(sheet['A1'], sheet['A1'].value)
8  # 取得總行、列數
9  print(sheet.max_row, sheet.max_column)
10 # 顯示 cell資料
11 for i in range(1, sheet.max_row+1):
12     for j in range(1, sheet.max_column+1):
13         print(sheet.cell(row=i, column=j).value,end="   ")
14     print()
15 sheet['A1'] = '二年甲班'
16 workbook.save('test.xlsx')
```

執行結果：

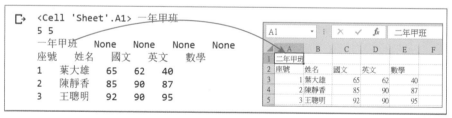

- ■ 7 　　　　取得指定儲存格內容。

- ■ 9 　　　　取得總列數、總欄數。

- ■ 11-13 　　顯示所有儲存格內容。

- ■ 15-16 　　修改 A1 儲存格內容後存檔。

3.5 SQLite 資料庫的操作

Python 內建一個非常小巧的嵌入式資料庫：SQLite，它使用一個文件檔案儲存整個資料庫，操作十分方便。最重要的是 SQLite 可以使用 SQL 語法管理資料庫，執行新增、修改、刪除和查詢等動作。

3.5.1 使用 sqlite3 模組

以下是使用 sqlite3 模組來操作 SQLite 資料庫的流程：

3.5.2 使用 cursor 物件操作資料庫

cursor() 方法會建立一個 cursor 物件，利用這個物件的 execute() 方法執行 SQL 命令就可完成資料表的建立、新增、修改、刪除或查詢動作。

例如：

```
[1]  1  import sqlite3
     2  conn = sqlite3.connect('school.db') # 建立資料庫連線
     3  cursor = conn.cursor() # 建立 cursor 物件
```

```
 4   # 建立一個資料表
 5   sqlstr='''CREATE TABLE IF NOT EXISTS scores \
 6   ("id"  INTEGER PRIMARY KEY NOT NULL,
 7   "name"  TEXT NOT NULL,
 8   "chinese"  INTEGER NOT NULL,
 9   "english"  INTEGER NOT NULL,
10   "math"  INTEGER NOT NULL
11   )
12   '''
13   cursor.execute(sqlstr)
14
15   # 新增記錄
16   cursor.execute('insert into scores values(1, "葉大雄", 65, 62, 40)
17   cursor.execute('insert into scores values(2, "陳靜香", 85, 90, 87)
18   cursor.execute('insert into scores values(3, "王聰明", 92, 90, 95)
19   conn.commit() # 更新
20   conn.close()  # 關閉資料庫連線
```

3.5.3 檢視 SQLite 資料庫內容

SQLite 是檔案型的資料庫，若要直接檢視內容其實不大容易。建議學習時可以安裝 DB Browser for SQLite (https://sqlitebrowser.org/) 來協助，它是一個很好用的 SQLite 圖形化介面的管理工具。

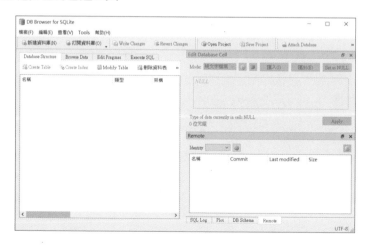

若要檢視 SQLite 的資料內容，以 <school.db> 為例，請下載 <school.db> 到本機，然後依下述步驟操作：

1. 由 **檔案 / 打開資料庫** 開啟對話方塊，選取 SQLite 資料庫檔案後按 **開啟** 鈕。

2. 選按 **Database Structure** 標籤選取 **資料表** 中新增的資料表 <scores>。

3. 再選按 **Browse Data** 標籤，即可看到資料表中的資料內容。

 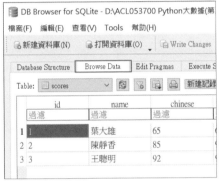

DB Browser for SQLite 除了檢視資料內容，還能對 SQLite 資料庫內容進行新增、編輯、刪除、查詢等操作，功能十分完整，建議可以多多摸索使用方式，對於 SQLite 資料庫的管理會有相當大的幫助。

3.5.4 使用連線物件操作資料庫

SQLite 能直接利用連線物件的 execute() 方法執行 SQL 命令，完成資料表的建立、新增、修改、刪除或查詢等動作。

```
import sqlite3
conn = sqlite3.connect(' 資料庫檔案 ') # 建立資料庫連線
conn.execute(SQL 命令 )
```

這種方式雖然未建立 cursor 物件，但系統其實已自動建立了一個隱含的 cursor 物件。因為這種方式較簡易，本書都將以這種方式來執行 SQL 命令，建立、新增、修改、刪除或查詢資料表。

新增資料表

例如：在 <school.db> 資料庫建立 scores2 資料表，內含 id、name、chinese、english、math 五個欄位，其中 id 是整數型別的主索引欄位，name 為文字型別欄位，其餘的欄位也都為整數型別的欄位。

```
[2]  1  import sqlite3
     2  conn = sqlite3.connect('school.db') # 建立資料庫連線
     3  # 建立一個資料表
     4  sqlstr='''CREATE TABLE IF NOT EXISTS scores2 \
     5  ("id"  INTEGER PRIMARY KEY NOT NULL,
     6   "name"  TEXT NOT NULL,
     7   "chinese"  INTEGER NOT NULL,
     8   "english"  INTEGER NOT NULL,
     9   "math"  INTEGER NOT NULL
    10   )
    11  '''
    12  conn.execute(sqlstr)
    13  conn.commit() # 更新
    14  conn.close()  # 關閉資料庫連線
```

SQLite 欄位的資料類型

SQLite 在規劃資料表要使用的欄位時要定義資料類型。以下是常用類型：

INTEGER	整數，欄位大小有 1,2,3,4,6,8 byte(s)，依照數值大小而定。
REAL	浮點數（小數），欄位大小 8 bytes。
TEXT	不固定長度字串，字串編碼格式有 UTF-8/UTF-16BE/UTF16LE。
BLOB	二進位資料。

新增資料

新增資料的 SQL 命令語法為：

```
insert 資料表（欄位1，欄位2，...）VALUES（值1，值2，...）
```

例如：在資料表中新增二筆資料，請注意：如果欄位為數值型態，前後不必加字串符號「'」號，但欄位為字串型態時就必須加入，因此在前後加上字串符號。

```
[13]  1  import sqlite3
      2  conn = sqlite3.connect('school.db') # 建立資料庫連線
      3  # 定義資料串列
      4  datas = [[1,'葉大雄',65,62,40],
      5          [2,'陳靜香',85,90,87],
      6          [3,'王聰明',92,90,95]]
      7
      8  # 新增資料
      9  for data in datas:
     10    conn.execute("INSERT INTO scores2 (id, name, chinese, english,\
     11    math) VALUES ({}, '{}', {}, {}, {})".format(data[0], \
     12    data[1], data[2], data[3], data[4]))
     13  conn.commit() # 更新
     14  conn.close()  # 關閉資料庫連線
```

更新資料

更新資料的 SQL 命令語法為：

```
update 資料表 set 欄位 1= 值 1, 欄位 2= 值 2 ... where 條件式
```

例如：在資料表中修改第一筆資料中的姓名 (name)：

```
[14]  1  import sqlite3
      2  conn = sqlite3.connect('school.db') # 建立資料庫連線
      3  # 更新資料
      4  conn.execute("UPDATE scores2 SET name='{}' WHERE id={}".format
      5  ('林胖虎', 1))
      6  conn.commit() # 更新
      7  conn.close()  # 關閉資料庫連線
```

刪除資料

刪除資料的 SQL 命令語法為：

```
delete from 資料表 where 條件式
```

例如：在資料表中刪除第一筆資料：

```
[15]  1  import sqlite3
      2  conn = sqlite3.connect('school.db') # 建立資料庫連線
      3  # 刪除資料
      4  conn.execute("DELETE FROM scores2 WHERE id={}".format(1))
      5  conn.commit() # 更新
      6  conn.close()  # 關閉資料庫連線
```

刪除資料表與關閉資料庫

刪除整個資料表的語法為：

```
drop 資料表
```

例如：要刪除 scores2 資料表，程式結束時請用 close() 方法關閉資料庫連線。

```
[23]  1  conn = sqlite3.connect('school.db') # 建立資料庫連線
      2  conn.execute("DROP TABLE scores2")
      3  conn.close()  # 關閉資料庫連線
```

3.5.5 執行資料查詢

資料查詢必須利用 cursor 物件提供的方法：fetchall()、fetchone()，以下是詳細說明：

方法	說明
fetchall()	以串列格式回傳所有符合查詢條件的資料，若無資料傳回 None。
fetchone()	以元組格式回傳符合查詢條件的第一筆資料，若無資料傳回 None。

例如：以 fetchall() 顯示 scores 資料表所有的資料：

```
[18]  1  import sqlite3
      2  conn = sqlite3.connect('school.db') # 建立資料庫連線
      3  cursor = conn.execute('select * from scores')
      4  rows = cursor.fetchall()
      5  # 顯示原始資料
      6  print(rows)
      7  # 逐筆顯示資料
      8  for row in rows:
      9    print(row[0],row[1])
     10  conn.close()  # 關閉資料庫連線
```

```
[(1, '葉大雄', 65, 62, 40), (2, '陳靜香', 85, 90, 87), (3, '王聰明', 92, 90, 95)]
1 葉大雄
2 陳靜香
3 王聰明
```

例如：以 fetchone() 顯示 scores 資料表中第一筆資料：

```
[19]  1  import sqlite3
      2  conn = sqlite3.connect('school.db') # 建立資料庫連線
      3  cursor = conn.execute('select * from scores')
      4  row = cursor.fetchone()
      5  print(row[0], row[1])
      6  conn.close()  # 關閉資料庫連線
```

```
1 葉大雄
```

3.6 Google 試算表的操作

Google 試算表是目前相當流行、普及率也很高的雲端試算表，不僅功能強大、操作方便，而且還完全免費，十分適合用來做為資料的儲存與分享。

3.6.1 連接 Google 試算表前的注意事項

使用 Google 免費試算表時要注意以下幾點：

1. 一天最多只能建立 250 個試算表。

2. 每個使用者 100 秒內能寫入次數上限是 100 次。

3. 每日讀取寫入的次數沒有限制。

要使用 Python 將資料儲存到 Google 試算表，必須有以下的條件：

1. 建立 Google 應用程式授權憑證：在 **Google Developers Console** 建立專案，啟用 **Google Sheet API**，並且建立 **服務帳戶** 和 **服務帳戶金鑰**。

2. 建立 Google 試算表並設定權限給程式操作。

3. Python 要安裝 gspread、oauth2client 模組。

3.6.2 **Google Developers Console** 的設定

1. 由「https://console.developers.google.com」進入頁面，按下拉式選單鈕開啟專案管理視窗，在 **選取專案** 視窗中按 **新增專案** 鈕，專案名稱欄位輸入自訂的名稱後按 **建立** 鈕。

2. 選取剛剛建立的專案，按 **啟用 API 和服務** 鈕，然後在搜尋欄位輸入「GoogleSheet」，點選搜尋到的 **Google Sheet API** 開啟 **Google Sheet API** 視窗，按 **啟用** 鈕。

3. 在 **憑證** 頁面按下 **建立憑證 \ 服務帳戶**。

4. 在 **建立服務帳戶** 頁面依 ❶❷❸ 步驟的操作，步驟 ❶ 在 **服務帳戶詳細資料** 輸入自訂名稱，然後按 **建立** 鈕。步驟 ❷ 在 **角色** 下拉式清單選擇 **角色管理員**，然後按 **繼續** 鈕。步驟 ❸ 直接按 **完成** 鈕。

5. 選取建立的服務帳戶，按 **編輯服務帳戶** 圖示。

6. 在 **金鑰** 頁籤中，**新增金鑰** 下拉式清單中選擇 **建立新的金鑰**，**金鑰類型** 選擇 **JSON**，最後點選 **建立** 鈕。服務帳戶完成後將會建立 .josn 金鑰檔並下載到本機。

7. 點選 **服務帳戶** 的電子郵件，可以顯示詳細的服務帳戶名稱，請複製 **電子郵件** 以供設定 Google 試算表權限時使用。

3.6.3 **Google** 試算表的權限設定

1. 連到 Google 雲端硬碟，新增 Google 試算表，可以自訂名稱。

 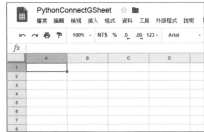

2. 點選 **共用** 鈕後，在開啟的對話方塊的 **新增使用者和群組** 欄輸入於 Google Developers Console 中所建立的服務帳戶名稱 (電子郵件格式)，然後按 **Enter** 鍵完成輸入。

3. 給予服務帳戶「編輯者」的權限，按 **傳送** 鈕完成設定，最後再按 **一律共用** 鈕。

3.6.4 連結 Google 試算表

安裝相關模組

使用 pip 安裝 Google 試算表的相關模組,包括 gspread 和 oauth2client 模組。

```
!pip install gspread oauth2client
```

gspread 模組開啟試算表的流程

載入模組

```
import gspread
from oauth2client.service_account import
        ServiceAccountCredentials as sac
```

取得憑證

```
auth_json = 'json 金鑰檔名 '        ← 設定金鑰及操作範圍
gs_scopes = ['https://spreadsheets.google.com/feeds']
cr = sac.from_json_keyfile_name(auth_json, gs_scopes)
gc = gspread.authorize(cr)          以金鑰及範圍設定憑證資料
                取得操作憑證
```

開啟試算表

❶ gsheet = gc.**open**(' 試算表檔名 ') 以檔名開啟試算表

❷ gsheet = gc.**open_by_key**(' 試算表 id') 以 id 開啟試算表

開啟工作表

```
wks = gsheet.sheet1
```

取得 Google 資料表的 id

接著要取得 Google 試算表的 id,如下圖在試算表網址中反白處為資料表的 id。

連結 Google 試算表開啟工作簿

1. 載入 gspread 及 oauth2client.service_account 的 ServiceAccountCredentials：

```
import gspread
from oauth2client.service_account import ServiceAccountCredentials as sac
```

2. 設定金鑰檔包含檔名的路徑，並設定程式可以操作的範圍。因為要用的是 Google 試算表，範圍是「https://spreadsheets.google.com/feeds」。例如：

```
auth_json = 'PythonConnectGsheet1-6a6086d149c5.json'
gs_scopes = ['https://spreadsheets.google.com/feeds']
```

3. 以 ServiceAccountCredentials 模組的 from_json_keyfile_name 方法，用金鑰檔及操作的範圍設定憑證建立連線物件。例如：

```
cr = sac.from_json_keyfile_name(auth_json, gs_scopes)
gc = gspread.authorize(cr)
```

4. 開啟資料表的方式有二種，第一種是使用檔案名稱，例如：

```
gsheet = gc.open('PythonConnectGSheet')
```

第二種是使用 Google 試算表的 id，例如：

```
gsheet = gc.open_by_key('1SG4KwqzA7p-tGTIohiYHSSauOiFuL9ZnmXw859RHa-c')
```

5. 開啟要使用的工作簿，例如：

```
wks = gsheet.sheet1
```

3.6.5 操作 Google 試算表的資料

讀取試算表的資料

1. **讀取儲存格**：**acell()** 可以用位址讀取，**cell()** 可以用欄列號來讀取，例如：

```
wks.acell('B2').value
wks.cell(1,2).value    # cell( 列 , 欄 )
```

2. **讀取整列**：**row_values(列號)** 可以讀取整列的資料，例如：

```
wks.row_values(1)
```

3. **讀取整欄**：**col_values(欄號)** 可以讀取整欄的資料，例如：

```
wks.col_values(1)
```

4. **讀取所有資料**：**get_all_values()** 可以讀取所有的資料，例如：

```
wks.get_all_values()
```

編輯試算表的資料

1. **清除所有資料**：**clear()** 可以清除工作簿上所有的資料。例如：

```
wks.clear()
```

2. **寫入儲存格**：**update_acell()** 可以用位址來寫入儲存格的值，**update_cell()** 可以用欄列號來寫入儲存格的值。例如：

```
wks.update_acell('A1', 'Hello World')
wks.update_cell(1, 2, 'Hello Kitty')# update_cell( 列 , 欄 , 值 )
```

3. **新增列**：append_row() 可以新增一列的資料，新增的值必須為串列。例如：

```
rowValue = ['Col1', 'Col2', 'Col3', 'Col4']
wks.append_row(rowValue)
```

4. **插入列**：insert_row() 可以插入一列的資料，插入的值必須為串列。例如：

```
rowValue = ['Col1', 'Col2', 'Col3', 'Col4']
wks.insert_row(rowValue, 1)
```

範例：寫入 **Google** 試算表

連線 Google 試算表後並寫入資料，本範例請上傳自己申請的 json 金鑰檔。

```
1    import gspread
2    from oauth2client.service_account import
                                ServiceAccountCredentials as sac
3    # 設定金鑰檔路徑及驗證範圍
4    auth_json = '自己申請的金鑰.json'
5    gs_scopes = ['https://spreadsheets.google.com/feeds']
6    # 連線資料表
7    cr = sac.from_json_keyfile_name(auth_json, gs_scopes)
8    gc = gspread.authorize(cr)
9    # 開啟資料表
10   spreadsheet_key = '您自己的key'
11   sheet = gc.open_by_key(spreadsheet_key)
12   # 開啟工作簿
13   wks = sheet.sheet1
14   # 清除所有內容
15   wks.clear()
16   # 新增列
17   listtitle=['座號', '姓名', '國文', '英文', '數學']
18   wks.append_row(listtitle)  # 標題
19   listdatas=[[1, '葉大雄', 65, 62, 40],
20              [2, '陳靜香', 85, 90, 87],
21              [3, '王聰明', 92, 90, 95]]
22   for listdata in listdatas:
23     wks.append_row(listdata)  # 資料內容
```

程式說明

- **1-2**   import 相關的模組。

- **4**   設定 Google 服務帳戶所產生的 json 金鑰檔的路徑與名稱，建議將這個檔與程式放置在同一個資料夾中，這裡就只要設定檔名即可。

- **5**   設定程式可以操作的範圍。因為要用的是 Google 試算表，設定範圍是「https://spreadsheets.google.com/feeds」。

- **7**   建立憑證。其中兩個參數為金鑰檔的路徑與名稱及程式操作範圍。

- **8**   接著依據憑證建立連線物件：gc。

- **10-11**   設定要連線的 Google 試算表 ID：spreadsheet_key，使用 gc 連線物件登入試算表。

- **13** 　　開啟試算表中的第一個工作簿：sheet1。
- **15** 　　清除所有的內容。
- **18-23** 　以 append_row() 新增資料，資料內容必須是串列。

執行結果：

Chapter

04

數據資料視覺化

4.1 繪製折線圖：plot

Matplotlib 是 Python 在 2D 繪圖領域使用最廣泛的模組，它能讓使用者很輕鬆地將資料圖形化，並且提供多樣化的輸出格式。

4.1.1 Matplotlib 模組的使用

Matplotlib 模組在使用前必須先安裝，語法如下：

```
!pip install matplotlib
```

使用 Matplotlib 繪圖首先要載入 Matplotlib 模組，由於大部分繪圖功能是在「matplotlib.pyplot」中，因此通常會在載入「matplotlib.pyplot」時設定一個簡短的別名，方便往後輸入，例如將別名取為「plt」：

```
import matplotlib.pyplot as plt
```

為了要讓手上的資料能清楚表達其中重要的訊息，善用不同類型的圖表發揮特色，對於資料的視覺化呈現是相當重要的功能。如果能系統性的整合在同一個圖表區，更能具體而清楚的傳遞資訊給設定的目標群眾，對於學習資料視覺化的人來說，是不能錯過的學習要點。

4.1.2 繪製折線圖

折線圖 通常是用來說明時間軸內數據資料變化的狀況。

折線圖是以 **plot()** 函式繪製，語法為：

```
plt.plot([x 軸資料 ,] y 軸資料 [, 其他參數 ])
```

折線圖會根據 x、y 軸資料進行繪圖，例如先將 x、y 軸資料存在串列中，再進行繪圖，例如：

```
[ ]    1  import matplotlib.pyplot as plt
       2
       3  listx = [1,5,7,9,13,16]
       4  listy = [15,50,80,40,70,50]
       5  plt.plot(listx, listy)
       6  plt.show()
```

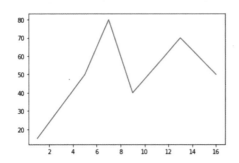

○ **注意**：x 軸串列及 y 軸串列的元素數目必須相同，否則執行時會產生錯誤。

4.1.3 設定線條、標記及圖例

繪圖時除了 x、y 軸串列參數之外，最重要的要素之一就是線條，下面是與線條相關常用的設定參數：

■ **linewidth** or **lw**：設定線條寬度，預設為 1.0，例如設定線條寬度為 5.0：linewidth=5.0。

■ **color**：設定線條顏色，預設為藍色，例如設定線條顏色為紅色：color="r" 或 color= ["r", "g", "b"]。

顏色	代表值	顏色	代表值
藍	b, blue	青	c, cyan
紅	r, red	洋紅	m, magenta
綠	g, green	黑	k, black
黃	y, yellow	白	w, white

■ **linestyle** or **ls**：設定線條樣式，設定值有「-」(實線)、「--」(虛線)、「-.」(虛點線)及「:」(點線)，預設為「-」。

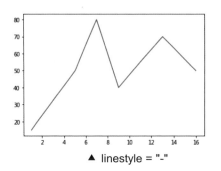

▲ linestyle = "-"

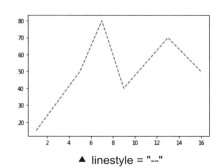

▲ linestyle = "--"

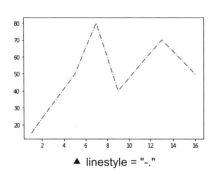

▲ linestyle = "-."

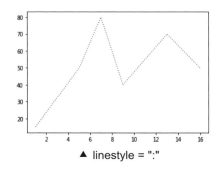

▲ linestyle = ":"

■ **marker**：設定標記樣式，設定值如下：

符號	說明	符號	說明
"." "o" "*"	點、圓、星	"h" "H"	六邊形 1,2
"v" "^"	正倒三角形	"d" "D"	鑽形 小 ， 大
"<" ">"	左右三角形	"+" "x"	十字、叉叉
"s"	矩形	"_" "|"	橫線、直線
"p"	五角形	"1","2","3","4"	上左下右人字形

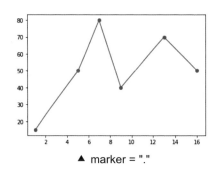

▲ marker = "."

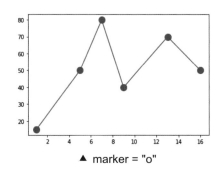

▲ marker = "o"

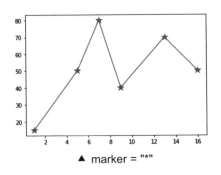

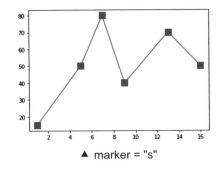

▲ marker = "*" ▲ marker = "s"

- **markersize or ms**：標記大小，例如設定標記為 12 點：ms=12。

- **color、linestyle、marker 組合字串**：這三個設定值的字串可以直接合併設定，例如，設定綠色、虛線、星狀標記為「"g--*"」：

```
plt.plot(listx, listy, 'g--*')
```

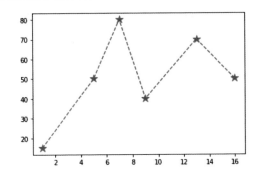

- **label**：設定圖例名稱，例如設定圖例名稱為「label」：label="label"。此屬性需搭配 **legend** 函式才有效果。

```
plt.plot(listx, listy, color="red", lw="2.0", ls="--", label="label")
plt.legend()
```

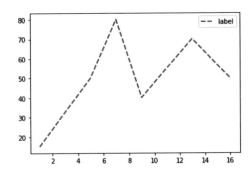

4.1.4 設定圖表及 **xy** 軸標題

圖形繪製完成後，可對圖表做一些設定，如圖表標題、x 及 y 軸標題等，讓觀看圖表者更容易了解圖表的意義。

設定圖表標題、x 及 y 軸標題的語法如下，如果不設定 fontsize，字級大小會一樣：

```
plt.title(圖表標題 [,fontsize=點數 ])
plt.xlabel(x 軸標題 [,fontsize=點數 ])
plt.ylabel(y 軸標題 [,fontsize=點數 ])
```

例如，分別設定圖表及 x、y 軸的標題：

```
 1  import matplotlib.pyplot as plt
 2
 3  listx = [1,5,7,9,13,16]
 4  listy = [15,50,80,40,70,50]
 5  plt.plot(listx, listy, color="red", lw="2.0", ls="--", label="label")
 6  plt.legend()
 7  plt.title("Chart Title", fontsize=20)   # 圖表標題
 8  plt.xlabel("X-Label", fontsize=14)     # x軸標題
 9  plt.ylabel("Y-Label", fontsize=14)     # y軸標題
10  plt.show()
```

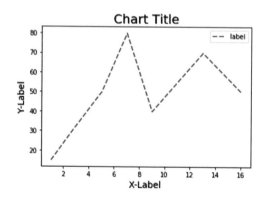

4.1.5 設定 **xy** 軸資料範圍

如果沒有指定 x 及 y 軸範圍，系統會根據資料判斷最適合的 x 及 y 軸範圍。設計者也可以自行設定 x 及 y 軸範圍，語法為：

```
plt.xlim( 起始值 , 終止值 )   # 設定 x 軸範圍
plt.ylim( 起始值 , 終止值 )   # 設定 y 軸範圍
```

例如，設定 x 軸範圍為 0 到 20，y 軸範圍為 0 到 100：

```
 1  import matplotlib.pyplot as plt
 2
 3  listx = [1,5,7,9,13,16]
 4  listy = [15,50,80,40,70,50]
 5  plt.plot(listx, listy, color="red", lw="2.0", ls="--", label="label")
 6  plt.legend()
 7  plt.title("Chart Title", fontsize=20)   # 圖表標題
 8  plt.xlabel("X-Label", fontsize=14)      # x軸標題
 9  plt.ylabel("Y-Label", fontsize=14)      # y軸標題
10  plt.xlim(0, 20)      #設定x軸範圍
11  plt.ylim(0, 100)     #設定y軸範圍
12  plt.show()
```

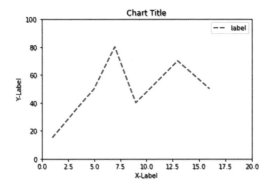

4.1.6 設定格線

為圖表加上格線的語法如下：

```
plt.grid(True)
```

也可以進一步設定格線的顏色、寬度、樣式及透明度，例如：

```
1  import matplotlib.pyplot as plt
2
3  listx = [1,5,7,9,13,16]
4  listy = [15,50,80,40,70,50]
5  plt.plot(listx, listy, color="red", lw="2.0", ls="--", label="label")
6  plt.legend()
7  plt.title("Chart Title", fontsize=20)   # 圖表標題
8  plt.xlabel("X-Label", fontsize=14)      # x軸標題
9  plt.ylabel("Y-Label", fontsize=14)      # y軸標題
10 plt.xlim(0, 20)     #設定x軸範圍
11 plt.ylim(0, 100)    #設定y軸範圍
12 plt.grid(color='red', linestyle=':', linewidth=1, alpha=0.5)
13 plt.show()
```

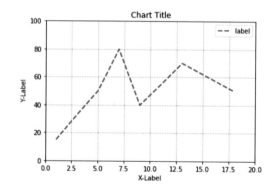

4.1.7 同時繪製多組資料

一個圖表中可以繪製多組資料的線條，如果沒有設定線條顏色，系統會自行設定不同顏色繪圖。例如，繪製 2 組數據的線條：

```
1  import matplotlib.pyplot as plt
2
3  listx1 = [1,5,7,9,13,16]
4  listy1 = [15,50,80,40,70,50]
5  plt.plot(listx1, listy1, 'r-.s')
6  listx2 = [2,6,8,11,14,16]
7  listy2 = [10,40,30,50,80,60]
8  plt.plot(listx2, listy2, 'y-s')
9  plt.show()
```

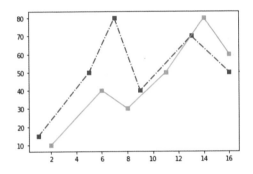

其實多組數據也可以一起繪圖，因為每個線條的數據、樣式都不同，其語法為：

```
plt.plot(x1 串列 , y1 串列 , 樣式 1, x2 串列 , y2 串列 , 樣式 2, ... )
```

結果與上圖相同：

```
1  import matplotlib.pyplot as plt
2
3  listx1 = [1,5,7,9,13,16]
4  listy1 = [15,50,80,40,70,50]
5  listx2 = [2,6,8,11,14,16]
6  listy2 = [10,40,30,50,80,60]
7  plt.plot(listx1, listy1, 'r-.s', listx2, listy2, 'y-s')
8  plt.show()
```

4.1.8 自定軸刻度

在以下的圖表中，x 軸範圍為 0 到 5000，在預設的狀態下 Matplotlib 自動以 500 為間距加上了刻度。但如果想要自訂軸刻度，語法為：

```
plt.xticks( 串列 )   # 設定 x 軸刻度
plt.yticks( 串列 )   # 設定 y 軸刻度
```

也可設定軸刻度的格式，例如設定 x、y 軸的刻度，字型 12 點，紅色的文字，語法為：

```
plt.tick_params(axis='both', labelsize='12', color='red')
```

例如，除了自訂刻度外，同時設定文字格式：

```python
1  import matplotlib.pyplot as plt
2  listx = [1000,2000,3000,4000,5000]
3  listy = [15,50,80,70,50]
4  plt.plot(listx, listy)
5  plt.xticks(listx)
6  plt.tick_params(axis='both', labelsize=16)
7  plt.show()
```

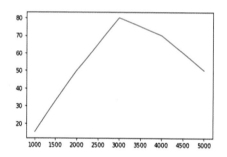 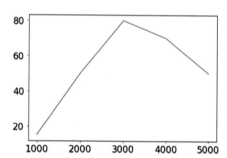

▲ 設定刻度間隔及格式

4.1.9 範例：各年度銷售報表

繪製折線圖並設定各種圖表特性。

```
1   import matplotlib.pyplot as plt
2
3   year = [2015,2016,2017,2018,2019]
4   city1 = [128,150,199,180,150]
5   plt.plot(year, city1, 'r-.s', lw=2, ms=10, label="Taipei")
6   city2 = [120,145,180,170,120]
7   plt.plot(year, city2, 'g--*', lw=2, ms=10, label="Taichung")
8   plt.legend()
9   plt.ylim(50, 250)
10  plt.xticks(year)
11  plt.title("Sales Report", fontsize=18)
12  plt.xlabel("Year", fontsize=12)
13  plt.ylabel("Million", fontsize=12)
14  plt.grid(color='k', ls=':', lw=1, alpha=0.5)
15  plt.show()
```

程式說明

- 1　　載入模組並設定別名。

- 3　　以 year 年度做為共用的 x 軸資料串列

- ■ 4-5 　畫第 1 個折線圖：紅色、點虛線、矩形標記、線寬 2、標記大小 10、圖例為「Taipei」。

- ■ 6-7 　畫第 2 個折線圖：綠色、虛線、星形標記、線寬 2、標記大小 10、圖例為「Taichung」。

- ■ 8 　　顯示圖例。

- ■ 9 　　設定 y 軸範圍。

- ■ 10 　設定 x 軸刻度間隔。

- ■ 11-13 　設定圖表標題及 x、y 軸標題。

- ■ 14 　加上格線：黑色、點狀線、線寬 1、透明度 0.5。

- ■ 15 　顯示圖表。

4.1.10 Matplotlib 圖表中文顯示問題

Matplotlib 預設無法顯示中文，那是因為在模組設定檔中並沒有配置中文字型。如果將剛才的範例圖表中的所有文字都換成中文，會發現文字都以方塊呈現而無法顯示。如果要能正確顯示中文，就必須自行加入中文字型後再重新產生配置檔案。這樣的操作不但複雜，而且當程式在沒有設定過的電腦上執行時，所有的配置又將失效。

在 Colab 設定 Matplotlib 的中文顯示

在 Colab 上設定必須要上傳中文字型檔到虛擬主機的檔案資料夾之中，再進行配置的修改。這裡推薦可以使用開源免費的中文字型「翰字鑄造 - 台北黑體」或是「Google - 思源正黑體」，下載的方式請直接在 Colab 的程式儲存格輸入以下指令：

1. **翰字鑄造 - 台北黑體**：由網站下載 <TaipeiSansTCBeta-Regular.ttf>。

```
!wget --content-disposition
     https://drive.google.com/uc?id=1eGAsTN1HBpJAkeVM57_C7ccp7hbgSz3_
                                                     &export=download
```

2. **Google- 思源正黑體**：由網站下載 <Noto_Sans_TC.zip>，再解壓縮檔案。

```
!wget --content-disposition
     https://fonts.google.com/download?family=Noto%20Sans%20TC
!unzip 'Noto_Sans_TC.zip'   #解壓縮到主機目錄
```

接著使用 matplotlib.font_manager 模組註冊中文字型，再利用 Matplotlib 的 rc() 函式指定中文字型參數即可。以下使用「翰字鑄造 - 台北黑體」為例：

```
1  import matplotlib
2  import matplotlib.pyplot as plt
3  from matplotlib.font_manager import fontManager
4  # 加入中文字型設定：翰字鑄造-台北黑體
5  fontManager.addfont('TaipeiSansTCBeta-Regular.ttf')
6  matplotlib.rc('font', family='Taipei Sans TC Beta')
7
```

若是「Google - 思源正黑體」，修改設定如下：

```
4  # 加入中文字型設定：Google-思源正黑體
5  fontManager.addfont('NotoSansTC-Regular.otf')
6  matplotlib.rc('font', family='Noto Sans TC')
7
```

原來圖表中無法正確顯示的文字，都成功顯示成中文了喔！

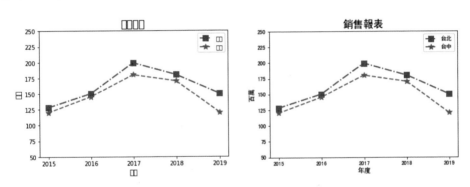

在本機設定 Matplotlib 的中文顯示

若是在本機執行，可以使用系統的中文，只要利用 Matplotlib 的 rcParam 參數值修改預設配置，即能讓圖表裡的中文字正常顯示。

請加入以下的設定即可：

```
...
# 設定中文字型及負號正確顯示
plt.rcParams["font.sans-serif"] = "Microsoft JhengHei"  #微軟正黑體
plt.rcParams["axes.unicode_minus"] = False
plt.show()
```

4.2 長條圖與橫條圖：bar、barh

長條圖 與 **橫條圖** 是將資料的數量以長度來表示，常用來比較資料之間的大小。

4.2.1 繪製長條圖

長條圖是以 **plt.bar()** 函式繪製，語法為：

```
plt.bar(x 軸串列, y 軸串列, width=0.8, bottom=0[, 其他參數])
```

繪圖時除了 x、y 軸串列參數之外，呈現每個項目的矩形是重點，常用參數有：

- **width**：設定每個項目矩形的寬度。以二個刻度之間的距離為基準，用百分比為單位來設定。不設定時預設值為 0.8。

- **bottom**：設定每個項目矩形 y 軸的起始位置，不設定時預設值為 0。

- **color**：設定每個項目矩形的顏色，設定值與折線圖相同，預設為藍色。例如設定紅色可以為 "r" 或 "red"。如果設定值為 ["r", "g", "b"]，代表會以紅、綠、藍依序循環顯示每個項目矩形的顏色。

- **label**：設定每個項目圖例名稱，此屬性需搭配 **legend** 函式才有效果。

例如，使用長條圖呈現每個課程的選修人數：

```
[ ]    1    import matplotlib
       2    import matplotlib.pyplot as plt
       3    from matplotlib.font_manager import fontManager
       4    fontManager.addfont('NotoSansTC-Regular.otf')
       5    matplotlib.rc('font', family='Noto Sans TC')
       6
       7    listx = ['c','c++','c#','java','python']
       8    listy = [45,28,38,32,50]
       9    plt.bar(listx, listy, width=0.5, color=['r','g','b'])
      10    plt.title("資訊程式課程選修人數")
      11    plt.xlabel("程式課程")
      12    plt.ylabel("選修人數")
      13    plt.show()
```

顯示結果：

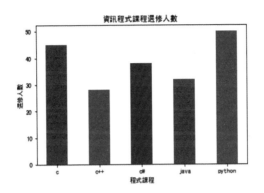

4.2.2 繪製橫條圖

橫條圖 是以 **plt.barh()** 函式繪製，語法為：

```
plt.barh(y 軸串列 , x 軸串列 , height=0.8, left=0[, 其他參數 ])
```

橫條圖基本上與長條圖相似，但因為方向不同，所有參數就必須倒過來。繪圖時除了設定矩形樣式的參數與長條圖相同外，還需特別注意：

- **y 軸串列**：顯示每個項目的名稱串列或是序列串列。

- **x 軸串列**：顯示每個項目的數值串列。

- **height**：設定每個項目矩形的高度。以二個刻度之間的距離為基準，用百分比為單位來設定。不設定時預設值為 0.8。

- **left**：設定每個項目矩形 x 軸的起始位置，不設定時預設值為 0。

例如，使用橫條圖呈現每個課程的選修人數：

```
 6
 7  listy = ['c','c++','c#','java','python']
 8  listx = [45,28,38,32,50]
 9  plt.barh(listy, listx, height=0.5, color=['r','g','b'])
10  plt.title("資訊程式課程選修人數")
11  plt.xlabel("程式課程")
12  plt.ylabel("選修人數")
13  plt.show()
```

顯示結果：

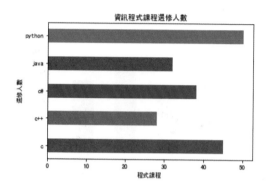

4.2.3 繪製堆疊長條圖

堆疊長條圖 就是當資料中的每個項目都還能分出子項目時，可以在繪製長條圖用堆疊的方式，在每個項目的矩形中顯示出每個子項目的比重。

這時就必須應用到 bottom 屬性，完成第一組長條圖後，在繪製第二組長條圖時，可將 y 軸的起點設定為第一組資料的 y 軸高度。

例如，使用堆疊長條圖來表現每個課程中選修人數，並顯示男女的比重：

```
1  import matplotlib
2  import matplotlib.pyplot as plt
3  from matplotlib.font_manager import fontManager
4  fontManager.addfont('NotoSansTC-Regular.otf')
5  matplotlib.rc('font', family='Noto Sans TC')
6
7  listx = ['c','c++','c#','java','python']
8  listy1 = [25,20,20,16,28]
9  listy2 = [20,8,18,16,22]
10 plt.bar(listx, listy1, width=0.5, label='男')
11 plt.bar(listx, listy2, width=0.5, bottom=listy1, label='女')
12 plt.legend()
13 plt.title("資訊程式課程選修人數")
14 plt.xlabel("程式課程")
15 plt.ylabel("選修人數")
16 plt.show()
```

顯示結果：

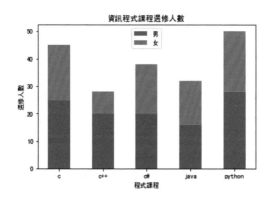

繪製第一組資料時，並沒有設定 bottom，所以預設由 y 軸為 0 處由下往上繪製。而第二組資料時，因為要接著第一組資料結束處，所以起始點 bottom 必須為第一組資料的高度，才能讓二組資料完美堆疊顯示。

4.2.4 繪製並列長條圖

並列長條圖 的資料會在每個項目用並列的方式呈現多個子項目，即能很快的在每個項目中檢視每個子項目數目的大小。

並列長條圖每個 x 軸的刻度間距是相等的，當繪製每個項目的矩形時，預設會以刻度為寬度的中心點，但分成多個子項目時就會交疊在一起。所以每個項目中子項目在刻度上的起始位置就很重要。

例如，使用並列長條圖來表現每個課程中選修人數，並比較男女的人數：

```
6
7  width = 0.25
8  listx = ['c','c++','c#','java','python']
9  listx1 = [x - width/2 for x in range(len(listx))]
10 listx2 = [x + width/2 for x in range(len(listx))]
11 listy1 = [25,20,20,16,28]
12 listy2 = [20,8,18,16,22]
13 plt.bar(listx1, listy1, width, label='男')
14 plt.bar(listx2, listy2, width, label='女')
15 plt.xticks(range(len(listx)), labels=listx)
16 plt.legend()
17 plt.show()
```

顯示結果：

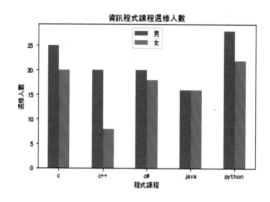

程式說明

- **7**   設定每個項目的寬度（再由子項目分）。

- **8**   設定項目串列。

- **9**   設定第一組子項目的串列：「男」在 x 軸刻度出現位置。基本上這個串序會以項目序列當作預設值。但在範例中有二組子項目，所以這個子項目要向左移動「項目寬度 / 2」的距離，才不會與第二組子項目交疊。這裡使用 **串列綜合表達式** 的函式將子項目串列中的值逐一進行向左移動的運算。

- **10**   設定第二組子項目的串列：「女」在 x 軸刻度出現位置，這個子項目要向右移動「項目寬度 / 2」的距離，才不會與第一組子項目交疊。

- **15**   在並列長條圖 x 刻度的標籤，因為有子項目，所以會以項目的序列等距來顯示。但範例是希望能呈現文字型態的程式名稱，所以利用 xticks() 的函式設定用項目串列來取代顯示。

4.3 圓形圖：pie

圓形圖 常用來比較資料之間的比例。

圓形圖是以 **plt.pie()** 函式繪製，語法為：

```
plt.pie( 資料串列 [ , 其他串列參數 ])
```

資料串列 是數值串列，為圓形圖的資料，也是必要參數。其他常用的參數有：

- **labels**：每一個項目標題組成的串列。
- **colors**：每一個項目顏色字元組成字串或是串列，如 'rgb' 或 ['r', 'g', 'b']。
- **explode**：每一個項目凸出距離數字組成的串列，「0」表示正常顯示。下圖顯示第一部分不同凸出值的效果。

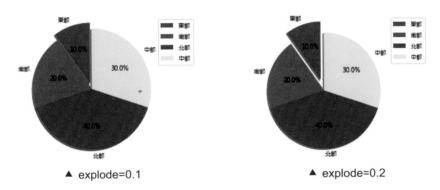

▲ explode=0.1   ▲ explode=0.2

- **labeldistance**：項目標題與圓心的距離是半徑的多少倍，例如「1.1」表示項目標題與圓心的距離是半徑的 1.1 倍。
- **autopct**：項目百分比的格式，語法為「% 格式 %%」，例如「%2.1f%%」表示整數 2 位數，小數 1 位數。
- **pctdistance**：百分比文字與圓心的距離是半徑的多少倍。
- **shadow**：布林值，True 表示圖形有陰影，False 表示圖形沒有陰影。
- **startangle**：開始繪圖的起始角度，繪圖會以逆時針旋轉計算角度。

圓形圖的展示效果很好，但僅適合少量資料呈現，若將圓形圖分割太多塊，比例太低的資料會看不清楚。

```
[ ]  1  import matplotlib
     2  import matplotlib.pyplot as plt
     3  from matplotlib.font_manager import fontManager
     4  fontManager.addfont('NotoSansTC-Regular.otf')
     5  matplotlib.rc('font', family='Noto Sans TC')
     6
     7  sizes = [25, 30, 15, 10]
     8  labels = ["北部", "西部", "南部", "東部"]
     9  colors = ["red", "green", "blue", "yellow"]
    10  explode = (0, 0, 0.2, 0)
    11  plt.pie(sizes,
    12    explode = explode,
    13    labels = labels,
    14    colors = colors,
    15    labeldistance = 1.1,
    16    autopct = "%2.1f%%",
    17    pctdistance = 0.6,
    18    shadow = True,
    19    startangle = 90)
    20  plt.show()
```

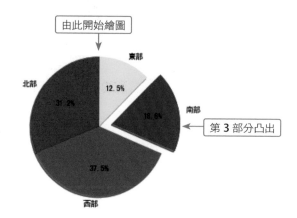

程式說明

■ 7	資料串列。
■ 8	項目標題串列。
■ 9	項目顏色串列。
■ 10	凸出距離數值串列，第 3 部分會凸出，數值 0.2。
■ 19	由 90 度開始繪製

4.4 直方圖：hist

直方圖 主要觀察的是資料中每個值出現次數的分配。

直方圖是以 **plt.hist()** 函式繪製，語法為：

```
plt.hist( 資料串列 [, 其他串列參數 ])
```

資料串列 是數值串列，為直方圖的資料，為必要參數。其他常用的參數有：

- **bins**：資料的間距，可以是整數或是串列值，預設值為 10。
- **range**：bin 數值的上限和下限的範圍。
- **orientation**：圖形的方向，預設是直式 vertical，若是 horizontal 則為橫式。

例如，使用的資料來源是一個整數串列，直方圖可以看出這些數值哪一個出現的次數最多，分佈的狀況如何：

```
[ ]  1  import matplotlib.pyplot as plt
     2
     3  data = [3,4,2,3,4,5,4,7,8,5,4,6,2,0,1,9,7,6,6,5,4]
     4  plt.hist(data, bins=10)
     5  plt.xlabel('Value')
     6  plt.ylabel('Counts')
     7  plt.grid(True)
     8  plt.show()
```

執行結果：

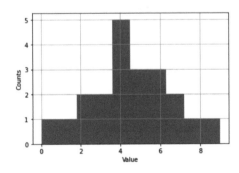

4.5 散佈圖：scatter

散佈圖 主要是將兩個變數資料用點畫在座標圖上，以此分析二個變數是否有相關性。

散佈圖是以 **plt.scatter()** 函式繪製，語法為：

```
plt.scatter(x軸串列, y軸串列[, 其他參數])
```

x 軸串列、**y 軸串列** 是長度相同的陣列或串列，為繪製散佈圖點的必要參數。其他常用的參數有：

- **s**：標記的大小，可以是數值或是數值串列。
- **c**：標記的顏色，可以是單一顏色的字串，或是多顏色的文字串列。
- **marker**：標記的樣式，預設值為 'o'。
- **alpha**：標記的透明度，值在 0~1 之間，預設值為 None，即不透明。

```python
import matplotlib.pyplot as plt

x = [1, 2, 3, 4, 5, 6, 7, 8]
y = [1, 4, 9, 16, 7, 15, 17, 19]
sizes = [20, 200, 100, 50, 500, 1000, 60, 90]
colors = ["red","green","black","orange","purple","pink","cyan","magenta"]
plt.scatter(x, y, s=sizes, c=colors)
plt.show()
```

執行結果：

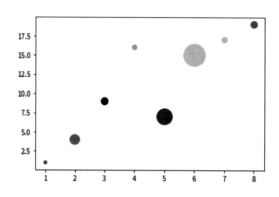

4.6 設定圖表區：figure

當繪製折線圖、長條圖或圓形圖時，Matplotlib.pyplot 會自動產生圖表區，再於其中繪製圖表。預設圖表區都會以預設的大小、解析度、顏色等屬性來佈置圖表區。

圖表區 是以 **plt.figure()** 函式來建立，語法為：

```
plt.figure([ 設定屬性參數 ])
```

如果沒有設定參數則會以預設值建立圖表區，以下為常用的參數：

- **figsize**：設定方式為串列：[寬 , 高]，單位為英吋，預設值為 [6.4, 4.8]。
- **dpi**：設定解析度，單位為每英吋的點數 (Dots per inch)。
- **facecolor**：設定背景顏色，預設值為白色 (white)。
- **edgecolor**：設定邊線顏色，預設值為白色 (white)。
- **frameon**：布林值，設定是否有邊框，預設值為 True。

例如，新增二個圖表區，一個用預設值，一個自訂屬性：

```
1  import matplotlib.pyplot as plt
2  # 新增圖表區
3  plt.figure()
4  plt.plot([1,2,3])
5  # 新增圖表區並設定屬性
6  plt.figure(
7      figsize=[10,4],
8      facecolor="whitesmoke",
9      edgecolor="r",
10     linewidth=10,
11     frameon=True)
12 plt.plot([1,2,3])
13 plt.show()
```

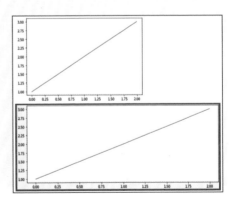

可以在結果中看到，雖然在二個圖表區中所繪製的圖表與數據都相同，但有設定屬性的圖表區顯示的結果就跟直接使用預設值差了很多。

4.7 在圖表區加入多張圖表：subplot、axes

如果在顯示資料時需要多張不同的圖表，可以在圖表區同時加入，並依需求顯示。

4.7.1 用欄列排列多張圖表：subplot()

在圖表區用欄列方式加入多張圖表可以使用 **plt.subplot()** 函式，語法為：

```
plt.subplot( 橫列數 , 直欄數 , 圖表索引值 )
```

例如，要在圖表區加入 2 列 1 欄的二張圖表：

```
[ ]  1  import matplotlib.pyplot as plt
     2  plt.figure(figsize=[8,8])
     3  plt.subplot(2,1,1)
     4  plt.title(label='Chart 1', fontsize=20)
     5  plt.plot([1,2,3],'r:o')
     6
     7  plt.subplot(2,1,2)
     8  plt.title(label='Chart 2', fontsize=20)
     9  plt.plot([1,2,3],'g--o')
    10  plt.show()
```

例如，要在圖表區加入 1 列 2 欄的二張圖表：

```
[ ]  1  import matplotlib.pyplot as plt
     2  plt.figure(figsize=[8,8])
     3  plt.subplot(1,2,1)
     4  plt.title(label='Chart 1', fontsize=20)
     5  plt.plot([1,2,3],'r:o')
     6
     7  plt.subplot(1,2,2)
     8  plt.title(label='Chart 2', fontsize=20)
     9  plt.plot([1,2,3],'g--o')
    10  plt.show()
```

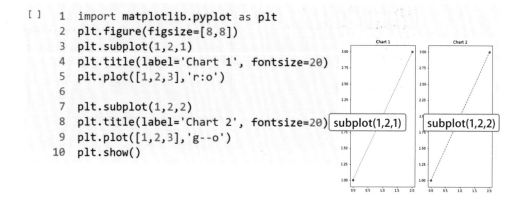

再多張的圖表也沒問題，例如要在圖表區加入 2 列 2 欄的四張圖表：

```
[ ]   1  import matplotlib.pyplot as plt
      2  plt.figure(figsize=[8,8])
      3  plt.subplot(2,2,1)
      4  plt.title(label='Chart 1')
      5  plt.plot([1,2,3],'r:o')
      6  plt.subplot(2,2,2)
      7  plt.title(label='Chart 2')
      8  plt.plot([1,2,3],'g--o')
      9  plt.subplot(2,2,3)
     10  plt.title(label='Chart 3')
     11  plt.plot([1,2,3],'b:o')
     12  plt.subplot(2,2,4)
     13  plt.title(label='Chart 4')
     14  plt.plot([1,2,3],'y--o')
     15  plt.show()
```

4.7.2 用相對位置排列多張圖表：axes

若要在圖表區用相對位置的方式加入多張圖表，可以使用 **plt.axes()** 函式，語法為：

```
plt.axes([ 與左邊界距離 , 與下邊界距離 , 寬 , 高 ])
```

plt.axes() 是以圖表區的左下角為原點，前二個數字分別是離左方與下方的邊界距離，後二個數字是這個圖表的寬高。而這 4 個數值都是以圖表區的寬高為基準，用 0 到 1 之間的浮點數做為計算，例如圖表的寬度是圖表區的一半，值為 0.5。

例如，要在圖表區加入二張左右排列的圖表：

```
[ ]   1  import matplotlib.pyplot as plt
      2  plt.figure(figsize=[8,4])
      3  plt.axes([0,0,0.4,1])
      4  plt.title(label='Chart 1')
      5  plt.plot([1,2,3],'r:o')
      6
      7  plt.axes([0.5,0,0.4,1])
      8  plt.title(label='Chart 2')
      9  plt.plot([1,2,3],'g--o')
     10  plt.show()
```

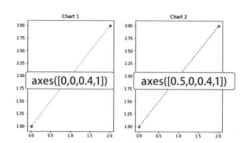

因為 axes 是用相對位置來加入圖表，在設定上不會有相互排擠的狀況出現。而且圖表之間可以彼此交疊，所以能發揮更多的彈性。

例如，想要在圖表區加入子母圖表：

```
[ ]   1  import matplotlib.pyplot as plt
      2  plt.figure(figsize=[8,4])
      3  plt.axes([0,0,0.8,1])
      4  plt.title(label='Chart 1')
      5  plt.plot([1,2,3],'r:o')
      6
      7  plt.axes([0.55,0.1,0.2,0.2])
      8  plt.title(label='Chart 2')
      9  plt.plot([1,2,3],'g--o')
     10  plt.show()
```

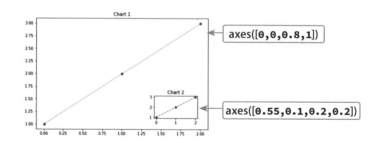

4.7.3 專題：圖書分類銷售分析圖

在這個專題中以圖書分類的銷售資料，在一個圖表區中分別繪製男性、女性銷售率圓餅圖、長條圖及折線圖。

範例：圖書分類銷售分析圖

以下是某圖書公司，各分類的男女性銷售資料：

	商業理財	文學小說	藝術設計	人文科普	語言電腦	心靈養生	生活風格	親子共享
男	14%	16%	8%	13%	16%	12%	16%	5%
女	10%	19%	6%	10%	13%	13%	20%	9%

接著想要利用這些資料在同一個圖表區分別分析：

1. 圖書分類男性銷售比率 - 圓餅圖

2. 圖書分類女性銷售比率 - 圓餅圖

3. 圖書分類男女性銷售 - 長條圖

4. 圖書分類男女性銷售 - 折線圖

圖書分類銷售分析圖程式碼：

```
 1 import matplotlib.pyplot as plt
 2 import matplotlib
 3 from matplotlib.font_manager import fontManager
 4
 5 # 設定圖書分類及銷售額比例
 6 listx = ['商業理財','文學小說','藝術設計','人文科普','語言電腦',
     '心靈養生','生活風格','親子共享']
 7 listm = [0.14,0.16,0.08,0.13,0.16,0.12,0.16,0.05] # 男性比例
 8 listf = [0.1,0.19,0.06,0.1,0.13,0.13,0.2,0.09] # 女性比例
 9 # 將比例乘以 100
10 listm = [x*100 for x in listm]
11 listf = [x*100 for x in listf]
12 # 設定圖表區尺寸以及使用字型
13 plt.figure(figsize=(12,9))
14 fontManager.addfont('TaipeiSansTCBeta-Regular.ttf')
```

```
15 matplotlib.rc('font', family='Taipei Sans TC Beta')
16
17 # 男性圖書分類銷售率圖餅圖
18 plt.subplot(221)
19 plt.title('圖書分類銷售比率 - 男性', fontsize=16)
20 plt.pie(listm, labels = listx, autopct='%2.1f%%')
21
22 # 女性圖書分類銷售率圖餅圖
23 plt.subplot(222)
24 plt.title('圖書分類銷售比率 - 女性', fontsize=16)
25 plt.pie(listf, labels = listx, autopct='%2.1f%%')
26
27 # 圖書分類男女銷售率長條圖
28 plt.subplot(223)
29 width = 0.4
30 listx1 = [x- width/2 for x in range(len(listx))]
31 listx2 = [x+ width/2 for x in range(len(listx))]
32
33 plt.title('圖書分類銷售長條圖 - 性別', fontsize=16)
34 plt.xlabel('圖書分類', fontsize=12)
35 plt.ylabel('銷售比率 (%)', fontsize=12)
36
37 plt.bar(listx1, listm, width, label='男')
38 plt.bar(listx2, listf, width, label='女')
39 plt.xticks(range(len(listx)), labels=listx, rotation=45)
40 plt.legend()
41
42 # 圖書分類男女銷售率折線圖
43 plt.subplot(224)
44 plt.title('圖書分類銷售折線圖 - 性別', fontsize=16)
45 plt.xlabel('圖書分類', fontsize=12)
46 plt.ylabel('銷售比率 (%)', fontsize=12)
47
48 plt.plot(listx, listm, marker='s', label='男')
49 plt.plot(listx, listf, marker='s', label='女')
50 plt.gca().grid(True)
51 plt.xticks(rotation=45)
52 plt.legend()
53
54 plt.show()
```

程式說明

■ 1-3 　　　載入 mayplotlib 相關模組。

■ 6-8 　　　設定圖書分類及男性及女性銷售額比例的資料。

■ 10-11 　　將銷售比例的資料由浮點數乘以 100。

■ 13-15 　　設定圖表區尺寸以及使用字型。

■ 18-20 　　繪製男性圖書分類銷售率圓餅圖，顯示在圖表區中第 1 列裡第 1 欄。

■ 23-25 　　繪製女性圖書分類銷售率圓餅圖，顯示在圖表區中第 1 列裡第 2 欄。

■ 28-40 　　繪製圖書分類男女銷售率長條圖，顯示在圖表區中第 2 列裡第 1 欄。

■ 43-52 　　繪製圖書分類男女銷售率折線圖，顯示在圖表區中第 2 列裡第 2 欄。

■ 54 　　　　顯示圖表區。

顯示結果：

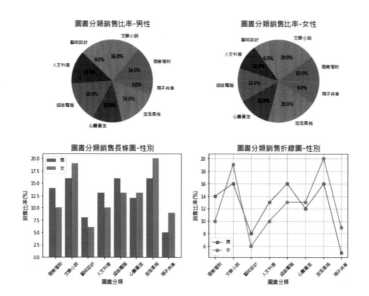

為了要讓手上的資料能清楚表達其中重要的訊息，善用不同類型的圖表發揮特色，對於資料的視覺化呈現是相當重要的功能。如果能系統性的整合在同一個圖表區，更能具體而清楚的傳遞資訊給設定的目標群眾，對於學習資料視覺化的人來說，是不能錯過的學習要點。

Chapter
05

Numpy 數據運算

5.1 Numpy：高速運算的解決方案

Numpy 的出現為 Python 解決了大量資料運算的效能問題，除了可支援多重維度陣列與矩陣的運算，也提供了相關運算的數學函式庫。因此，在 Python 上與資料科學相關的重要模組，如 Pandas、SciPy、Matplotlib、Scikit-learn 等，都是以 Numpy 為基礎來擴展。如果想要為學習打好堅實的基礎，Numpy 是不能忽略的重點！

5.1.1 安裝 Numpy 與載入模組

可以使用下列指令在 Python 中安裝 Numpy：

```
!pip install numpy
```

◎ **注意**：在 Colab 中預設已經安裝好 Numpy，不用再自行安裝。

使用前請先載入 Numpy 模組，一般為了能在使用時更加方便，會設定別名 np：

```
import numpy as np
```

5.1.2 認識 Numpy 陣列

Numpy 使用 ndarray (N-dimensional array) 陣列來取代 Python 的串列資料，這是一個可以裝載**相同類型資料**的多維容器，其中的維度、大小及資料類型分別由 ndim、shape 及 dtype 屬性來定義。

> **Numpy 的陣列與 Python 的串列的差異**
>
> 許多人認為 Python 的串列在資料型式上與 Numpy 的陣列很相似，但其中最大的差異在於：Python 串列可以包含不同的資料類型，而 NumPy 陣列元素的資料型態必須相同，如此一來不僅佔用資源少，在執行數學運算時將會更快、更緊湊，也更有效率。

在 Numpy 陣列中，一維陣列為 **向量 (vector)**，二維陣列為 **矩陣 (matrix)**，而陣列是以各 **軸向 (axis)** 的數量來代表陣列的 **形狀 (shape)**。

以下圖為例分別說明：

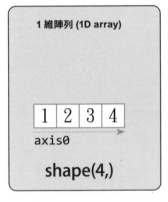

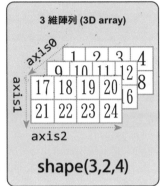

- **1 維陣列**：因為只有一軸，所以只需要一個軸向的數量，也就是 col 的數量。在上圖中有 4 個 col，所以形狀就是 shape(4,)。

- **2 維陣列**：有 row 跟 col 二軸，其軸向順序就為 row 數量→ col 數量。在上圖中有 2 個 row、4 個 col，所以形狀就是 shape(2,4)。

- **3 維陣列**：是由多個用 row 跟 col 形成的矩陣組合起來，其軸向順序即為矩陣數量→ row 數量→ col 數量。在上圖中有 3 個矩陣、2 個 row、4 個 col，所以形狀就是 shape(3,2,4)。

中文的「行列」之亂

在陣列的矩陣之中，到底哪邊是行，哪邊是列呢？在中文的世界中對於行列的翻譯方式眾多，無論是直行橫列或直列橫行都有人使用，甚至是跟原來的認知相反！

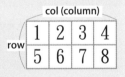

為了方便說明，本書會直接使用英文，橫為 row，直為 col 或 column。

5.2 Numpy 陣列建立

5.2.1 建立基本陣列

建立陣列：**np.array()**

可以使用 np.array() 函式，利用串列 (List) 或是元組 (Tuple) 來建立陣列，語法如下：

```
np.array( 串列或元組 , dtype= 資料格式 )
```

○ **注意**：dtype 參數可以設定資料的格式，預設值為 int64。

例如，要使用串列及元組各產生一個一維陣列：

```
[ ]  1  import numpy as np
     2  np1 = np.array([1,2,3,4])    #使用list
     3  np2 = np.array((5,6,7,8))    #使用tuple
     4  print(np1)
     5  print(np2)
     6  print(type(np1), type(np2))

    [1 2 3 4]
    [5 6 7 8]
    <class 'numpy.ndarray'> <class 'numpy.ndarray'>
```

完成了陣列建立後，可以看到 Numpy 將傳入的資料都化為了 ndarray 資料型態。

建立有序整數陣列：**np.arange()**

np.arange() 函式與 range() 函式的方法相似，可以建立等距的整數陣列，語法如下：

```
np.arange([ 起始值 , ] 終止值 [, 間隔值 ])
```

○ **注意**：使用 np.arange() 函式設定範圍，預設起始值是 0，間隔值是 1，終止值是指到終止值前，不包含終止值喔！

例如，要取得由 0~30 之間的偶數做為陣列：

```
[ ]  1  import numpy as np
     2  na = np.arange(0, 31, 2)
     3  print(na)
```

```
[ 0  2  4  6  8 10 12 14 16 18 20 22 24 26 28 30]
```

建立等距陣列：np.linspace()

np.linspace() 函式可以設定一個範圍的等距陣列，語法如下：

```
np.linspace( 起始值 , 終止值 , 元素個數 )
```

○ **注意**：np.linspace() 函式返回值陣列的元素的資料型別是 float，設定的範圍有包含起始值及終止值。

例如，要由 1~15 之間等距的 3 個元素所組成的陣列：

```
[ ]  1  import numpy as np
     2  na = np.linspace(1, 15, 3)
     3  print(na)
```

```
[ 1.  8. 15.]
```

建立同值為 0 的陣列：np.zeros()

np.zeros() 函式可以根據設定的形狀建立全部都是 0 的陣列，語法為：

```
np.zeros( 陣列形狀 )
```

例如：

```
[ ]  1  import numpy as np
     2  a = np.zeros((5,))
     3  print(a)
```

```
[0. 0. 0. 0. 0.]
```

建立同值為 **1** 的陣列：**np.ones()**

np.ones() 函式可以根據設定的形狀建立全部都是 1 的陣列，語法為：

```
np.ones( 陣列形狀 )
```

例如：

```
[ ]   1  import numpy as np
      2  b = np.ones((5,))
      3  print(b)
```

```
[1. 1. 1. 1. 1.]
```

5.2.2 建立多維陣列

可以使用 np.array() 函式將多維的串列建立成多維的陣列，屬性 ndim 顯示陣列的維度，shape 顯示陣列的維度形狀，size 顯示陣列內所有的元素數量。

例如：用多維串列建立一個 2 x 5 (2 row 5 col) 的陣列：

```
[ ]   1  import numpy as np
      2  listdata = [[1,2,3,4,5],
      3          [6,7,8,9,10]]
      4  na = np.array(listdata)
      5  print(na)
      6  print('維度', na.ndim)
      7  print('形狀', na.shape)
      8  print('數量', na.size)
```

```
[[ 1  2  3  4  5]
 [ 6  7  8  9 10]]
維度 2
形狀 (2, 5)
數量 10
```

5.2.3 改變陣列形狀：reshape()

另一種快速建立多維陣列的方式，可以在建立一維陣列後利用 reshape() 函式改變陣列的形狀。例如，用 np.arange() 函式建立一個 1 x 16 一維陣列，再利用 reshape() 函式改變成 4 x 4 的二維陣列：

```python
1  import numpy as np
2  adata = np.arange(1,17)
3  print(adata)
4  bdata = adata.reshape(4,4)
5  print(bdata)
```

```
[ 1  2  3  4  5  6  7  8  9 10 11 12 13 14 15 16]
[[ 1  2  3  4]
 [ 5  6  7  8]
 [ 9 10 11 12]
 [13 14 15 16]]
```

5.3 Numpy 陣列取值

5.3.1 一維陣列取值

一維陣列中元素排列的順序就是取值的方式,而這個順序就是索引,語法為:

> 一維陣列變數 [索引]

也能用起始及終止索引來取得一個範圍的值,語法為:

> 一維陣列變數 [起始索引 : 終止索引 [: 間隔值]]

例如:

```
[ ]   1  import numpy as np
      2  na = np.arange(0,6)
      3  print(na)
      4  print(na[0])
      5  print(na[5])
      6  print(na[1:5])
      7  print(na[1:5:2])
      8  print(na[5:1:-1])
      9  print(na[:])
     10  print(na[:3])
     11  print(na[3:])
```

```
[0 1 2 3 4 5]
0
5
[1 2 3 4]
[1 3]
[5 4 3 2]
[0 1 2 3 4 5]
[0 1 2]
[3 4 5]
```

程式說明

- 1-2 載入 Numpy 模組,設定一個由 0 到 5 的整數陣列:na。
- 4-5 取得 na 陣列中索引為 0 及 5 的值。
- 6 取得 na 陣列中索引由 1 到 5,但不包含 5 的範圍值。
- 7 在 na 陣列裡索引由 1 到 5 (不包含 5) 範圍裡,每 2 個取一次值。
- 8 取得 na 陣列中索引由 5 到 1 (不包含 1) 範圍值。間隔值為負數時代表由右至左取值。

- ■ 9　　　取得 na 陣列所有值，當起始及終止值為空時代表從頭到尾取值。
- ■ 10　　取得 na 陣列中索引由頭到 3（不包含 3）的範圍值。
- ■ 11　　取得 na 陣列中索引由 3 到尾的範圍值。

5.3.2 多維陣列取值

多維陣列取值時的狀況較為複雜，會以 row 及 col 中的索引或索引範圍取值。

例如，這裡定義一個 4 x 4 的陣列：

```
[21]  1  import numpy as np
      2  na = np.arange(1, 17).reshape(4, 4)
      3  na
```

```
array([[ 1,  2,  3,  4],
       [ 5,  6,  7,  8],
       [ 9, 10, 11, 12],
       [13, 14, 15, 16]])
```

1. 可以用座標的方式來取得值，如 row 索引 2，col 索引 3 的值：

```
[22]  1  na[2, 3]
```

12

2. 也可以用 row 及 col 的索引範圍來取值：

```
[26]  1  print(na[1, 1:3])      #[6,7]
      2  print(na[1:3, 2])      #[7,11]
      3  print(na[1:3, 1:3])    #[[6,7],[7,11]]
      4  print(na[::2, ::2])    #[[1,3],[9,11]]
      5  print(na[:, 2])        #[3,7,11,15]
      6  print(na[1, :])        #[5,6,7,8]
      7  print(na[:, :])        #矩陣全部
```

5.3.3 產生隨機資料 :np.ramdom()

np.ramdom 模組提供了很多方式來生成隨機的資料,以下是常用的函式:

名稱	功能
rand(d0,d1...dn)	依設定維度形狀,返回 0~1 之間的隨機浮點數資料。
randn(d0,d1...dn)	依設定維度形狀,返回標準常態分佈的隨機浮點數資料。
randint(最低 [, 最高 , size])	依設定值範圍 (包含最低,不含最高) 返回隨機整數資料,size 可設定返回資料的維度形狀。
random(size) random_sample(size) sample(size)	依設定的維度形狀 size 返回隨機資料,返回 0~1 之間的隨機浮點數資料。
choice(陣列, size [, replace])	在指定的陣列中取值,依設定的維度形狀 size 返回隨機資料;陣列若是整數時,結果為 arange (整數) 設定陣列;replace=False 會返回不重複的資料。

- **注意**:size 的設定即為陣列的形狀,其格式可以為串列或是元組。

```
[ ]  1  import numpy as np
     2  print('1.產生2x3 0~1之間的隨機浮點數\n',
     3        np.random.rand(2,3))
     4  print('2.產生2x3常態分佈的隨機浮點數\n',
     5        np.random.randn(2,3))
     6  print('3.產生0~4(不含5)隨機整數\n',
     7        np.random.randint(5))
     8  print('4.產生2~4(不含5)5個隨機整數\n',
     9        np.random.randint(2,5,[5]))
    10  print('5.產生3個 0~1之間的隨機浮點數\n',
    11        np.random.random(3),'\n',
    12        np.random.random_sample(3),'\n',
    13        np.random.sample(3))
```

```
1.產生2x3 0~1之間的隨機浮點數
 [[0.28009672 0.30725541 0.3743276 ]
 [0.79082728 0.68123259 0.67947343]]
2.產生2x3常態分佈的隨機浮點數
 [[-0.20538273 -0.91683342  0.83274148]
 [ 0.40361194  0.78238244  1.9745335 ]]
3.產生0~4(不含5)隨機整數
 1
4.產生2~4(不含5)5個隨機整數
 [4 4 4 4 4]
5.產生3個 0~1之間的隨機浮點數
 [0.30106461 0.85812068 0.23161047]
 [0.71893836 0.22032245 0.47749648]
 [0.25736293 0.2574376  0.09470808]
```

5.3.4 Numpy 讀取 CSV 檔案

在實務中，使用者常將大量的資料儲存在檔案之中，最常見的就是 csv 檔。Numpy 可以使用 np.genformtxt() 函式讀取檔案，將內容轉化為陣列。語法如下：

np.genfromtxt(檔案名稱 , delimiter= 分隔符號 , skip_header= 略過列數)

例如，在 <scores.csv> 中有本班 30 位同學的國文、英文、數學三科的成績，以下將利用 Numpy 讀入，並展示其陣列的形狀。

○ **注意**：若在 Colab 執行程式時，必須先將 CSV 檔案上傳到虛擬主機資料夾。

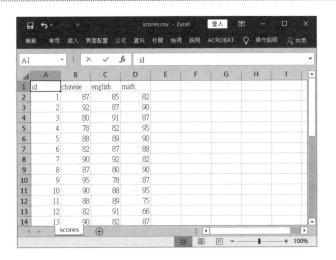

```
[29]  1  import numpy as np
      2  na = np.genfromtxt('scores.csv', delimiter=',', skip_header=1)
      3  print(na.shape)

     (30, 4)
```

結果顯示取得的資料陣列的形狀是 30 row、4 col，也就是有 30 個同學的資料。每個同學記錄了座號 (id)、國文 (chinese)、英文 (english)、數學 (math) 4 個欄位資料。Numpy 的陣列元素只能使用數值資料，**因為資料第一列是表頭，設定「skip_header=1」就是要略過這一列，才能正確的再往下讀取。**

5.4 Numpy 的陣列運算功能

Numpy 除了在處理多重維度陣列與矩陣的運算功力有目共睹，Numpy 也提供了許多實用的數學函式，對於資料的計算有很大的幫助。

5.4.1 Numpy 陣列運算

Python 串列中的元素如果要進行運算，就必須要使用迴圈將元素值取出，再一一進行處理。Numpy 能對於陣列中的元素同時進行運算，簡化重複的動作。像是對於陣列中所有元素進行加減乘除、加上判斷，甚至將二個陣列進行交互運算。

例如，這裡定義二個 3 x 3 的陣列 a 與 b：

```
[ ]   1  import numpy as np
      2  a = np.arange(1,10).reshape(3,3)
      3  b = np.arange(10,19).reshape(3,3)
      4  print('a 陣列內容：\n', a)
      5  print('b 陣列內容：\n', b)
```

```
a 陣列內容：
 [[1 2 3]
 [4 5 6]
 [7 8 9]]
b 陣列內容：
 [[10 11 12]
 [13 14 15]
 [16 17 18]]
```

對單一陣列進行運算

1. 將 a 陣列中所有元素都加上一個值：

```
[ ]   1  print('a 陣列元素都加值：\n', a + 1)
```

```
a 陣列元素都加值：
 [[ 2  3  4]
 [ 5  6  7]
 [ 8  9 10]]
```

2. 將 a 陣列中所有元素都轉為平方數值：

```
[ ]   1  print('a 陣列元素都平方：\n', a ** 2)
```

```
a 陣列元素都平方：
 [[ 1  4  9]
 [16 25 36]
 [49 64 81]]
```

3. 將 a 陣列中所有元素都加上判斷式，會返回為布林值：

```
[ ]   1  print('a 陣列元素加判斷：\n', a < 5)
```

```
a 陣列元素加判斷：
 [[ True  True  True]
 [ True False False]
 [False False False]]
```

取出指定陣列的元素進行運算

運算除了可以對於全部元素進行，也可以取出指定陣列中的元素再進行。

例如將 a 陣列中第一個 row 或第一個 col 加上值：

```
[ ]   1  print('a 陣列取出第一個row都加1：\n', a[0,:] + 1)
      2  print('a 陣列取出第一個col都加1：\n', a[:,0] + 1)
```

```
a 陣列取出第一個row都加1：
 [2 3 4]
a 陣列取出第一個col都加1：
 [2 5 8]
```

對多個陣列進行運算

1. 將 a、b 陣列中對應元素相加、相乘，要注意陣列的形狀要相同：

```
[ ]   1  print('a b 陣列對應元素相加：\n', a + b)
      2  print('a b 陣列對應元素相乘：\n', a * b)
```

```
a b 陣列對應元素相加：
 [[11 13 15]
 [17 19 21]
 [23 25 27]]
a b 陣列對應元素相乘：
 [[ 10  22  36]
 [ 52  70  90]
 [112 136 162]]
```

以二個陣列相加為例，如圖可以看到運算的方式即是將對應的元素相加即可。

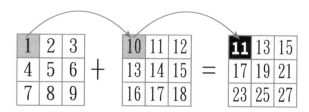

2. 將 a、b 陣列進行內積計算，要使用 np.dot() 函式：

```
[ ]   1  print('a b 陣列內積計算：\n', np.dot(a,b))
```

```
a b 陣列內積計算：
[[ 84  90  96]
 [201 216 231]
 [318 342 366]]
```

陣列的內積計算是第一個陣列的 row 與第二個陣列的 col 交疊之處，是以該 row 及 col 的相對索引數字二二相乘之和。以下以內積結果第一個 row 三個數為例，分別是由第一個陣列第一個 row，分別與第二個陣列的三個 col 二二相乘的和。

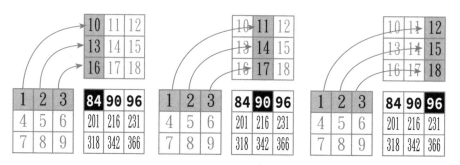

● **注意**：第一個陣列的 col 與第二個陣列的 row 必須相等才能計算內積，例如第一個陣列為 2x3，第二個陣列為 3x4。

5.4.2 Numpy 常用的計算及統計函式

下表是常用的 Numpy 計算及統計函式：

名稱	說明
sum	加總
prod	乘積
mean	平均值
min	最小值
max	最大值
std	標準差
var	變異數

名稱	說明
median	中位數
argmin	最小元素值索引
argmax	最大元素值索引
cumsum	陣列元素累加
cumprod	陣列元素累積
percentile	以百分比顯示陣列中的指定值
ptp	最大值與最小值的差

若函式中沒有設定 axis 軸向的方向，運算時無論是形狀為何，都是以所有的元素值內容進行統計，如果有設定 axis 軸向時，則以該軸向進行運算。

```
[ ]   1   import numpy as np
      2   a = np.arange(1,10).reshape(3,3)
      3   print('陣列的內容：\n', a)
      4   print('1.最小值與最大值：\n',
      5         np.min(a), np.max(a))
      6   print('2.每一直行最小值與最大值：\n',
      7         np.min(a, axis=0), np.max(a, axis=0))
      8   print('3.每一橫列最小值與最大值：\n',
      9         np.min(a, axis=1), np.max(a, axis=1))
     10   print('4.加總、乘積及平均值：\n',
     11         np.sum(a), np.prod(a), np.mean(a))
     12   print('5.每一直行加總、乘積與平均值：\n',
     13         np.sum(a, axis=0), np.prod(a, axis=0), np.mean(a, axis=0))
     14   print('6.每一橫列加總、乘積與平均值：\n',
     15         np.sum(a, axis=1), np.prod(a, axis=1), np.mean(a, axis=1))
```

```
陣列的內容：
 [[1 2 3]
 [4 5 6]
 [7 8 9]]
1.最小值與最大值：
 1 9
2.每一直行最小值與最大值：
 [1 2 3] [7 8 9]
3.每一橫列最小值與最大值：
 [1 4 7] [3 6 9]
4.加總、乘積及平均值：
 45 362880 5.0
5.每一直行加總、乘積與平均值：
 [12 15 18] [ 28  80 162] [4. 5. 6.]
6.每一橫列加總、乘積與平均值：
 [ 6 15 24] [  6 120 504] [2. 5. 8.]
```

其他更專業的統計函式，如 np.std() 標準差、np.var() 變異數、np.median() 中位數、np.percentile() 百分比值、np.ptp() 最大最小差值使用方法也很方便：

```
1  import numpy as np
2  a = np.random.randint(100,size=50)
3  print('陣列的內容：', a)
4  print('1.標準差：', np.std(a))
5  print('2.變異數：', np.var(a))
6  print('3.中位數：', np.median(a))
7  print('4.百分比值：', np.percentile(a, 80))
8  print('5.最大最小差值：', np.ptp(a))
```

```
陣列的內容： [ 1 66 43  1 47 78 14 63 69  0 52 16 64 16 28 57 34 38 42 31 87 25  1 74
 29 42  5 61  9 42 97 98 38 11 74 25 78 63  2  1 61 47 69 25 84 17 23 95
 27 58]
1.標準差： 28.43952179626092
2.變異數： 808.8063999999999
3.中位數： 42.0
4.百分比值： 69.0
5.最大最小差值： 98
```

5.4.3 Numpy 的排序

Numpy 可以使用 np.sort() 及 np.argsort() 函式進行元素的數值及索引的排序。

一維陣列的排序

1.　**np.sort()**：可以對陣列中的值進行排序並將結果返回。

2.　**np.argsort()**：可以對陣列中的值進行排序並將索引返回。

例如：

```
1  import numpy as np
2  a = np.random.choice(50, size=10, replace=False)
3  print('排序前的陣列：', a)
4  print('排序後的陣列：', np.sort(a))
5  print('排序後的索引：', np.argsort(a))
6  #用索引到陣列取值
7  for i in np.argsort(a):
8      print(a[i], end=',')
```

```
排序前的陣列： [33 29  9  1 12 10 48 35 15 45]
排序後的陣列： [ 1  9 10 12 15 29 33 35 45 48]
排序後的索引： [3 2 5 4 8 1 0 7 9 6]
1,9,10,12,15,29,33,35,45,48,
```

程式說明

- 1-2 　　載入 Numpy 模組，新增一個有 10 個不重複元素的陣列，其元素值都小於 50。
- 3 　　　顯示陣列內容。
- 4 　　　使用 sort 函式將陣列排序回傳。
- 5 　　　使用 argsort 函式將陣列排序值的索引回傳。
- 7-8 　　利用排序後的元素值索引，由陣列中將值一一取出。

多維陣列的排序

多維陣列的排序方式，可以利用 axis 軸向來設定，例如：

```python
1  import numpy as np
2  a = np.random.randint(0,10,(3,5))
3  print('原陣列內容：')
4  print(a)
5  print('將每一直行進行排序：')
6  print(np.sort(a, axis=0))
7  print('將每一橫列進行排序：')
8  print(np.sort(a, axis=1))
```

```
原陣列內容：
[[6 0 4 1 4]
 [8 4 1 8 1]
 [9 3 5 4 1]]
將每一直行進行排序：
[[6 0 1 1 1]
 [8 3 4 4 1]
 [9 4 5 8 4]]
將每一橫列進行排序：
[[0 1 4 4 6]
 [1 1 4 8 8]
 [1 3 4 5 9]]
```

程式說明

- 1-2 　　載入 Numpy 模組，新增 3 x 5 形狀的二維陣列，其元素值都是 0-10 (不含 10) 的隨機整數。
- 3-4 　　顯示原陣列內容。
- 5-6 　　將 axis=0，也就是每一直行進行排序。
- 7-8 　　將 axis=1，也就是每一橫列進行排序。

Chapter

06

Pandas 資料處理

6.1 Pandas Series 的建立與取值

Pandas 是一個基於 Numpy，用來進行資料處理及分析的強大工具，它不僅提供了 Series、DataFrame 等十分容易使用的資料結構物件，並且提供了許多好用的工具、函數與功能。

6.1.1 建立 Series

使用串列建立 Series 物件

Pandas 模組在使用前請先匯入，為了能方便使用請設定別名 pd：

```
import pandas as pd
```

Pandas 的 Series 是一維的資料陣列，新增的語法為：

```
pd.Series( 資料 [,index = 索引 ])
```

資料可用串列 (list)、元組 (tuple)、字典 (dictionary) 或 Numpy 的陣列，其中 index 參數是可選填的，預設為整數串列。

```
[8]    1  import pandas as pd
       2  se = pd.Series([1,2,3,4])
       3  print(se)              #顯示Series
       4  print(se.values)      #顯示值
       5  print(se.index)       #顯示索引
```

```
0    1
1    2          未設定索引會自
2    3          動加上索引值
3    4
dtype: int64
[1 2 3 4]
RangeIndex(start=0, stop=4, step=1)
```

Series 物件輸出時除了看到定義的值與資料型態之外，Pandas 還自動為每個值加上了索引。values 屬性會顯示 Series 物件的陣列值，index 屬性會顯示目前索引狀況。

自訂索引

index 參數可以自訂索引，例如：以 stocks 串列建立索引。

```
[3]   1  stocks = ['聯電', '台積電', '聯發科', '大力光', '鴻海']
      2  price = [42, 510, 694, 2115, 109]
      3  se2 = pd.Series(price, index=stocks)
      4  se2
```

```
聯電       42
台積電     510
聯發科     694
大力光    2115
鴻海      109
dtype: int64
```

使用字典建立 Series 物件

如果使用字典來建立 Series，字典的鍵 (Key) 就會轉換為 Series 的索引，而字典的值 (Value) 就會成為 Series 的資料。

```
[4]   1  import pandas as pd
      2  dict1 = {'Taipei': '台北', 'Taichung': '台中', 'Kaohsiung': '
      3  se = pd.Series(dict1)
      4  print(se)          #顯示Series
      5  print(se.values)   #顯示值
      6  print(se.index)    #顯示索引
```

```
Taipei      台北
Taichung    台中
Kaohsiung   高雄
dtype: object
['台北' '台中' '高雄']
Index(['Taipei', 'Taichung', 'Kaohsiung'], dtype='object')
```

6.1.2 Series 資料取值

1. **以索引取值**：跟 Numpy 一樣，Series 可以使用相關索引來顯示值，例如：

```
[5]   1  import pandas as pd
      2  se = pd.Series([1,2,3,4,5])
      3  se[2]
```

```
3
```

2. **自訂索引及取值**：設定時可以用 index 參數自訂為其他的類型資料。例如：

```
[6]   1  import pandas as pd
      2  se = pd.Series([1,2,3,4,5], index=['a','b','c','d','e'])
      3  se['b']
```

```
2
```

6.2 Pandas DataFrame 的建立

Pandas 的 DataFrame 是二維的資料陣列,與 Excel 的工作表相同,是使用索引列與欄位組合起來的資料內容。

6.2.1 建立 DataFrame

新增 DataFrame

Pandas 的 DataFrame 新增的語法為:

```
pd.DataFrame( 資料 [,index = 索引 , columns = 欄位 ])
```

資料可用串列 (list)、元組 (tuple)、字典 (dictionary)、Numpy 陣列,或是組合 Series 物件成為資料來源。index 索引是工作表的列號,columns 是欄位名稱。如果沒有填寫,預設會自動填入由 0 開始的整數串列。

例如,建立一個 4 位學生,每人有 5 科成績的 DataFrame,這裡使用一個二維的串列的資料當作資料來源:

```
[18]  1  import pandas as pd
      2  df = pd.DataFrame([[65,92,78,83,70],
      3                     [90,72,76,93,56],
      4                     [81,85,91,89,77],
      5                     [79,53,47,94,80]])
      6  df
```

	0	1	2	3	4
0	65	92	78	83	70
1	90	72	76	93	56
2	81	85	91	89	77
3	79	53	47	94	80

（上方標題列為 columns，左側欄位為 index）

在新增 DataFrame 物件中,因為沒有設定 index 與 columns,會自動加上整數串列來取代。

設定 index 與 columns

index 與 columns 可以在新增 DataFrame 時依照需求自行設定,例如在剛才的範例中,想要設定學生的姓名為 index,而各科的科目為 columns:

```
[19]  1  import pandas as pd
      2  df = pd.DataFrame([[65,92,78,83,70],
      3                     [90,72,76,93,56],
      4                     [81,85,91,89,77],
      5                     [79,53,47,94,80]],
      6                     index=['王小明','李小美','陳大同','林小玉'],
      7                     columns=['國文','英文','數學','自然','社會'])
      8  df
```

	國文	英文	數學	自然	社會
王小明	65	92	78	83	70
李小美	90	72	76	93	56
陳大同	81	85	91	89	77
林小玉	79	53	47	94	80

6.2.2 利用字典建立 DataFrame

字典建立 DataFrame 也是常用的方式,以剛才的範例來說,改寫成以字典資料格式來新增 DataFrame 的方法如下,執行結果與原範例相同:

```
[20]  1  import pandas as pd
      2  scores = {'國文':{'王小明':65,'李小美':90,'陳大同':81,'林小玉':79},
      3            '英文':{'王小明':92,'李小美':72,'陳大同':85,'林小玉':53},
      4            '數學':{'王小明':78,'李小美':76,'陳大同':91,'林小玉':47},
      5            '自然':{'王小明':83,'李小美':93,'陳大同':89,'林小玉':94},
      6            '社會':{'王小明':70,'李小美':56,'陳大同':77,'林小玉':80}}
      7  df = pd.DataFrame(scores)
      8  df
```

	國文	英文	數學	自然	社會
王小明	65	92	78	83	70
李小美	90	72	76	93	56
陳大同	81	85	91	89	77
林小玉	79	53	47	94	80

結果中字典的鍵會自動成為 DataFrame 的 columns 欄名。

6.2.3 利用 Series 建立 DataFrame

DataFrame 物件其實是 Series 物件的集合，若有多個 Series 物件可以利用以下方式建立 DataFrame：

利用 Series 物件組合成字典

DataFrame 可以由 Series 組成的字典資料來新增，例如：

```
[21]  1  import pandas as pd
      2  se1 = pd.Series({'王小明':65,'李小美':90,'陳大同':81,'林小玉':79})
      3  se2 = pd.Series({'王小明':92,'李小美':72,'陳大同':85,'林小玉':53})
      4  se3 = pd.Series({'王小明':78,'李小美':76,'陳大同':91,'林小玉':47})
      5  se4 = pd.Series({'王小明':83,'李小美':93,'陳大同':89,'林小玉':94})
      6  se5 = pd.Series({'王小明':70,'李小美':56,'陳大同':77,'林小玉':80})
      7  df = pd.DataFrame({'國文':se1,'英文':se2,'數學':se3,'自然':se4,
      8                     '社會':se5} )
      9  df
```

執行結果與原範例相同。

使用 concat 函數合併 Series 物件

可以使用 Pandas 的 concat 函數將多個 Series 合併成 DataFrame，例如：

```
[22]  1  import pandas as pd
      2  se1 = pd.Series({'王小明':65,'李小美':90,'陳大同':81,'林小玉':79})
      3  se2 = pd.Series({'王小明':92,'李小美':72,'陳大同':85,'林小玉':53})
      4  se3 = pd.Series({'王小明':78,'李小美':76,'陳大同':91,'林小玉':47})
      5  se4 = pd.Series({'王小明':83,'李小美':93,'陳大同':89,'林小玉':94})
      6  se5 = pd.Series({'王小明':70,'李小美':56,'陳大同':77,'林小玉':80})
      7  df = pd.concat([se1,se2,se3,se4,se5], axis=1)
      8  df.columns=['國文','英文','數學','自然','社會']
      9  df
```

執行結果與原範例相同。

使用 concat 函數合併時預設 axis=0，會將二個 Series 上下合併，這並不是我們想要的結果。這裡設定 axis=1，Series 會以相同的鍵進行左右合併。

另外，因為合併後並沒有設定 columns，所以再將科目以串列格式設定到 columns 屬性中。

6.3 DataFrame 資料取值

在 Pandas 的 DataFrame 可以應用以下的方式取值。

6.3.1 DataFrame 基本取值

延續剛才學生的成績 DataFrame 為例：

	國文	英文	數學	自然	社會
王小明	65	92	78	83	70
李小美	90	72	76	93	56
陳大同	81	85	91	89	77
林小玉	79	53	47	94	80

以欄位名稱取值

1. 利用 columns 的欄位名稱取得該欄的值，語法如下：

```
df[ 欄位名稱 ]
```

例如取得所有學生自然科成績：

```
[3]   1  df["自然"]
```

```
王小明    83
李小美    93
陳大同    89
林小玉    94
Name: 自然, dtype: int64
```

2. 若要取得 2 個以上欄位資料，則需將欄位名稱化為串列，語法為：

```
df[[ 欄位名稱1, 欄位名稱2, ...]]
```

例如取得所有學生的國文、數學及自然科成績：

```
[7]   1  df[["國文", "數學", "自然"]]
```

	國文	數學	自然
王小明	65	78	83
李小美	90	76	93
陳大同	81	91	89
林小玉	79	47	94

指定欄位以條件式進行判斷取值

也可以將欄位進行條件式判斷後根據回傳的布林值 (為 True 時) 來取得資料，語法為：

```
df[ 欄位判斷式 ]
```

例如取得國文科成績 80 分以上 (含) 的所有學生成績：

```
[9]   1   df[df["國文"] >= 80]
```

	國文	英文	數學	自然	社會
李小美	90	72	76	93	56
陳大同	81	85	91	89	77

以 **values** 屬性取得資料

DataFrame 的 values 屬性可取得全部資料，返回是一個二維串列，語法為：

```
df.values
```

1. 可以直接用用 values 屬性以二維串列的格式取得所有的值，以剛才的範例來看：

```
[10]   1   df.values
```

```
array([[65, 92, 78, 83, 70],
       [90, 72, 76, 93, 56],
       [81, 85, 91, 89, 77],
       [79, 53, 47, 94, 80]])
```

2. 由返回的二維串列取值時可以用索引值，例如要取得第 2 位學生成績：

```
[11]   1   df.values[1]
```

```
array([90, 72, 76, 93, 56])
```

3. 取得第 2 位學生的數學成績 (第 3 個科目) 的語法為：

```
[12]   1   df.values[1][2]
```

76

6.3.2 以索引及欄位名稱取得資料：**df.loc[]**

df.loc[] 方法可直接以索引及欄位名稱取得資料，很容易理解，使用上也較為方便，語法為：

```
df.loc[ 索引名稱 , 欄位名稱 ]
```

	國文	英文	數學	自然	社會
王小明	65	92	78	83	70
李小美	90	72	76	93	56
陳大同	81	85	91	89	77
林小玉	79	53	47	94	80

1. 例如要取得 **林小玉** 的 **社會** 科目成績：

[13]   1 `df.loc["林小玉", "社會"]`

80

2. 若要取得多個索引名稱或欄位名稱項目的資料，必須將多個項目名稱組合成串列。例如，取得學生 **王小明** 的 **國文** 及 **社會** 科目所有成績：

[14]   1 `df.loc["王小明", ["國文","社會"]]`

```
國文    65
社會    70
Name: 王小明, dtype: int64
```

例如，取得學生 **王小明**、**李小美** 的 **數學**、**自然** 科目成績：

[15]   1 `df.loc[["王小明", "李小美"], ["數學", "自然"]]`

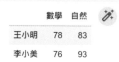

	數學	自然
王小明	78	83
李小美	76	93

3. 若是想取得二個索引名稱或欄位名稱之間的項目資料，則在項目名稱間以冒號「:」加以連結；若是要取得所有索引或所有欄位，則直接以冒號「:」表示。

例如，取得學生 **王小明** 到 **陳大同** 的 **數學** 到 **社會** 科目成績：

```
[16]  1  df.loc["王小明":"陳大同", "數學":"社會"]
```

	數學	自然	社會
王小明	78	83	70
李小美	76	93	56
陳大同	91	89	77

例如，取得學生 **陳大同** 的 **所有** 成績：

```
[17]  1  df.loc["陳大同", :]
```

```
國文      81
英文      85
數學      91
自然      89
社會      77
Name: 陳大同, dtype: int64
```

例如，取得 **到李小美之前** 的學生，他們的 **數學** 到 **社會** 科目成績：

```
[18]  1  df.loc[:"李小美", "數學":"社會"]
```

	數學	自然	社會
王小明	78	83	70
李小美	76	93	56

例如，取得 **李小美到最後** 的學生，他們的 **數學** 到 **社會** 科目成績：

```
[19]  1  df.loc["李小美":, "數學":"社會"]
```

	數學	自然	社會
李小美	76	93	56
陳大同	91	89	77
林小玉	47	94	80

6.3.3 以索引及欄位編號取得資料：**df.iloc[]**

df.iloc[] 方法可直接以索引及欄位的索引編號 (由 0 開始) 取得資料，使用的語法為：

```
df.iloc[ 索引編號 , 欄位編號 ]
```

iloc 的使用方式與 loc 大致相同，只要將索引及欄位的「名稱」改為「編號」即可。

	0 國文	1 英文	2 數學	3 自然	4 社會
0 王小明	65	92	78	83	70
1 李小美	90	72	76	93	56
2 陳大同	81	85	91	89	77
3 林小玉	79	53	47	94	80

索引編號 及名稱　　　　　　　　　　　　　　　　　　　　　　　欄位編號 及名稱

1. 例如，要取得 **林小玉** 的 **社會** 科目成績：

   [4]　1　df.iloc[3, 4]

   　　80

2. 例如，取得學生 **王小明** 的 **國文** 及 **社會** 科目所有成績：

   [5]　1　df.iloc[0, [0, 4]]

   國文　65
   社會　70
   Name: 王小明, dtype: int64

3. 例如，取得學生 **王小明**、**李小美** 的 **數學**、**自然** 科目成績：

   [6]　1　df.iloc[[0, 1], [2, 3]]

	數學	自然
王小明	78	83
李小美	76	93

若是要取得二個索引編號或欄位編號之間的範圍資料，是用「啟始編號：終止編號」來表示，因為是不包含終止編號所代表的項目，所以設定時終止編號要加 1。

1. 例如，取得學生 **王小明** 到 **陳大同** 的 **數學** 到 **社會** 科目成績：

```
[7]  1  df.iloc[0:3, 2:5]
```

	數學	自然	社會
王小明	78	83	70
李小美	76	93	56
陳大同	91	89	77

2. 例如，取得學生 **陳大同** 的 **所有** 成績：

```
[8]  1  df.iloc[2, :]
```

```
國文      81
英文      85
數學      91
自然      89
社會      77
Name: 陳大同, dtype: int64
```

3. 例如，取得 **到李小美之前** 的學生，他們的 **數學** 到 **社會** 科目成績：

```
[9]  1  df.iloc[:2, 2:5]
```

	數學	自然	社會
王小明	78	83	70
李小美	76	93	56

4. 例如，取得 **李小美到最後** 的學生，他們的 **數學** 到 **社會** 科目成績：

```
[10]  1  df.iloc[1:, 2:5]
```

	數學	自然	社會
李小美	76	93	56
陳大同	91	89	77
林小玉	47	94	80

6.3.4 取得最前或最後數列資料

取得最前幾列的資料：**df.head()**

如果要取得最前面幾列資料，可使用 df.head() 方法，語法為：

```
df.head([n])
```

參數 n 非必填，表示取得最前面 n 列資料，若省略預設取得 5 筆資料。

例如，取得最前面 2 個學生成績：

[11]　1　df.head(2)

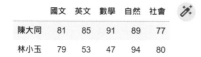

	國文	英文	數學	自然	社會
王小明	65	92	78	83	70
李小美	90	72	76	93	56

取得後幾列的資料：**df.tail()**

若要取得最後面幾列資料，則使用 df.tail() 方法，語法為：

```
df.tail([n])
```

使用方法與 head 相同。例如取得最後面 2 個學生成績：

[12]　1　df.tail(2)

	國文	英文	數學	自然	社會
陳大同	81	85	91	89	77
林小玉	79	53	47	94	80

6.4 DataFrame 資料操作

6.4.1 DataFrame 資料排序

DataFrame 資料可以依值或是索引進行排序。

依值排序：df.sort_values()

首先根據 DataFrame 資料數值排序，語法為：

```
df.sort_values(by = 欄位 [, ascending = 布林值 ])
```

■ **by**：做為排序值的欄位名稱。

■ **ascending**：可省略，True 表示遞增排序 (預設值)，False 表示遞減排序。

例如以數學成績做遞減排序：

```
[14]   1   df.sort_values(by="數學", ascending=False)
```

	國文	英文	數學	自然	社會
陳大同	81	85	91	89	77
王小明	65	92	78	83	70
李小美	90	72	76	93	56
林小玉	79	53	47	94	80

由大到小排序

依索引排序：df.sort_index()

接著是根據軸向 (橫列或直欄) 排序，語法為：

```
df.sort_index(axis= 軸向編號 [, ascending= 布林值 ])
```

axis 為軸向編號，0 表示依索引名稱 (橫列) 排序，1 表示依欄位名稱 (直欄) 排序。

例如按照直欄遞增排序：

```
[15]   1   df.sort_index(axis=0)
```

	國文	英文	數學	自然	社會
李小美	90	72	76	93	56
林小玉	79	53	47	94	80
王小明	65	92	78	83	70
陳大同	81	85	91	89	77

6.4.2 DataFrame 資料修改

由於本單元的操作會修改王小明的成績資料，為了方便後面使用原始資料繼續解說，我們使用 copy 方法將原始資料複製一份到 dfcopy。

複製 DataFrame 資料

```
[39]    1  dfcopy=df.copy()
```

要修改 DataFrame 的資料非常簡單，只要先指定資料項目的所在位置，再設定指定值即可。

例如，修改 **王小明** 的 **數學** 成績為 90：

```
[45]    1  df.loc["王小明"]["數學"] = 90
        2  df
```

	國文	英文	數學	自然	社會
王小明	65	92	90	83	70
李小美	90	72	76	93	56
陳大同	81	85	91	89	77
林小玉	79	53	47	94	80

或修改 **王小明** 的 **全部** 成績皆為 80：

```
[46]    1  df.loc["王小明", :] = 80
        2  df
```

	國文	英文	數學	自然	社會
王小明	80	80	80	80	80
李小美	90	72	76	93	56
陳大同	81	85	91	89	77
林小玉	79	53	47	94	80

將資料還原為初始的資料，方便後面資料刪除的解說。

還原 DataFrame 資料

```
[45]  1  df=dfcopy
      2  df
```

	國文	英文	數學	自然	社會
王小明	65	92	78	83	70
李小美	90	72	76	93	56
陳大同	81	85	91	89	77
林小玉	79	53	47	94	80

6.4.3 刪除 DataFrame 資料

DataFrame 可以使用 drop 方法來刪除資料，語法為：

```
資料變數 = df.drop( 索引或欄位名稱 [, axis= 軸向編號 ])
```

axis 為軸向編號，0 表示依索引名稱 (橫列) 刪除，1 表示依欄位名稱 (直欄) 刪除。
若沒有填寫，預設值為 0。

刪除橫列的資料

例如，刪除 **王小明** 的成績：

```
[58]  1  df.drop("王小明")
```

	國文	英文	數學	自然	社會
李小美	90	72	76	93	56
陳大同	81	85	91	89	77
林小玉	79	53	47	94	80

刪除直欄的資料

例如，刪除所有人 **數學** 成績：

```
[59]  1  df.drop("數學", axis=1)
```

	國文	英文	自然	社會
王小明	65	92	83	70
李小美	90	72	93	56
陳大同	81	85	89	77
林小玉	79	53	94	80

若刪除的行或列超過 1 個，需以串列做為參數。例如，刪除 **數學** 及 **自然** 成績：

```
[60]  1  df.drop(["數學", "自然"], axis=1)
```

	國文	英文	社會
王小明	65	92	70
李小美	90	72	56
陳大同	81	85	77
林小玉	79	53	80

刪除連續橫列範圍的資料

如果要刪除連續多列的資料，可使用刪除「範圍」方式處理，語法為：

```
df.drop(df.index[ 啟始編號:終止編號 ][, axis= 軸向編號 ])
```

指定二個索引編號之間的範圍資料，是用「啟始編號:終止編號」來表示，因為是不包含終止編號所代表的項目，所以設定時終止編號要加 1。

例如，要刪除 2 ~ 4 位的成績：

```
[61]  1  df.drop(df.index[1:4])
```

	國文	英文	數學	自然	社會
王小明	65	92	78	83	70

刪除連續直欄範圍的資料

刪除連續直欄的語法為：

```
df.drop(df.columns[ 啟始編號:終止編號 ][, axis= 軸向編號 ])
```

例如，刪除 **英文、數學、自然** 的成績：

```
[62]  1  df.drop(df.columns[1:4], axis=1)
```

	國文	社會
王小明	65	70
李小美	90	56
陳大同	81	77
林小玉	79	80

6.5 Pandas 資料存取

Pandas 可以從 CSV、Excel、資料庫,或是從網頁中擷取表格資料,匯入 Pandas 後再對資料進行修改、排序等處理,甚至可以繪製統計圖表。

6.5.1 使用 Pandas 讀取資料

Pandas 常用的匯入資料方法有:

方法	說明
read_csv	匯入表格式文字資料 (*.csv)。
read_json	匯入 Json 格式文字資料 (*.json)。
read_excel	匯入 Microsoft Excel 資料 (*.xlsx)。
read_html	匯入網頁中表格資料 (*.html)。
read_sql	匯入 SQLite 資料庫資料 (*.sqlite)。

讀取 CSV 檔案

Pandas 使用 read_csv 函數來匯入檔案內容,語法為:

```
pandas.read_csv( 檔案名稱 [, header= 欄位列 , index_col= 索引欄 ,
                encoding= 編碼 , sep= 分隔符號 ])
```

- **檔案來源**:可以是檔案路徑,也可以是 URL 的檔案網址字串。所以讀取的檔案不一定必須在本機,也可以指定儲存在網路上的檔案網址。

- **header**:設定做為表頭欄位的列,預設會視資料的第一列為表頭。

- **index_col**:設定做為索引的欄,預設為 None。

- **encoding**:設定文件編碼方式,預設為 None。

- **sep**:設定分隔符號,預設為「,」。

例如,在下圖中 <covid19.csv> 第一個橫列是欄位列,第一個直欄是索引欄。這裡使用 read_csv 函數進行讀取:

- **注意**:若在 Colab 執行程式時,必須先將 CSV 檔案上傳到虛擬主機資料夾。以此類推,接下來的範例資料檔在讀取前也要先上傳。

```
[7]   1  import pandas as pd
      2  df = pd.read_csv("covid19.csv")
      3  df
```

	country_ch	country_en	cases	deaths
0	美國	United States	76,407,539	923,087
1	印度	India	42,272,014	502,874
2	巴西	Brazil	26,599,593	632,621
3	法國	France	20,804,372	132,923
4	英國	United Kingdom	17,866,632	158,363
...	...	...	...	...
193	東加	Tonga	8	0
194	萬那杜	Vanuatu	7	1
195	馬紹爾群島	Marshall Islands	7	0
196	密克羅尼西亞聯邦	Micronesia	1	0
197	庫克群島	Cook Islands	1	0

198 rows × 4 columns

讀取進來的內容已經成為 Pandas 的 DataFrame 資料了！

讀取 JSON 檔案

Pandas 的 read_json() 函式可以載入 JSON 檔案，語法為：

```
pandas.read_json( 檔案來源 )
```

■ **檔案來源**：可以是檔案路徑，也可以是 URL 的檔案網址字串。

例如，在範例資料夾 <covid19.json> 中有 COVID-19 各國家地區累積病例數與死亡數，以下將利用 read_json() 讀入再顯示資料內容：

```
[5]  1  import pandas as pd
     2  df = pd.read_json('covid19.json')
     3  df
```

	country_ch	country_en	cases	deaths
0	美國	United States	34,516,883	622,158
1	印度	India	31,371,901	420,551
2	巴西	Brazil	19,688,663	549,924
3	俄羅斯	Russia	6,126,541	153,874
4	法國	France	5,993,937	111,644
...	...	...	...	...
190	萬那杜	Vanuatu	4	1
191	馬紹爾群島	Marshall Islands	4	0
192	帛琉	Palau	2	0
193	薩摩亞	Samoa	1	0
194	密克羅尼西亞聯邦	Micronesia	1	0

195 rows × 4 columns

讀取 Excel 試算表檔案

Pandas 可以使用 read_excel() 函式讀取 Excel 試算表 .xlsx 的檔案內容，語法為：

```
pandas.read_excel( 檔案來源 )
```

■ **檔案來源**：可以是檔案路徑，也可以是 URL 的檔案網址字串。

例如，在範例資料夾 <covid19.xslx> 中有 COVID-19 各國家地區累積病例數與死亡數，以下將利用 read_excel() 讀入再顯示資料內容：

```
[8]  1  import pandas as pd
     2  df = pd.read_excel('covid19.xlsx')
     3  df
```

	country_ch	country_en	cases	deaths	
0	美國	United States	76407539	923087	
1	印度	India	42272014	502874	
2	巴西	Brazil	26599593	632621	
3	法國	France	20804372	132923	
4	英國	United Kingdom	17866632	158363	
...	...	...	...	...	
193	東加	Tonga	8	0	
194	萬那杜	Vanuatu	7	1	
195	馬紹爾群島	Marshall Islands	7	0	
196	密克羅尼西亞聯邦	Micronesia	1	0	
197	庫克群島	Cook Islands	1	0	

讀取 html 網頁檔案

Pandas 使用 read_html 函數來讀取網頁中的表格，返回值會是串列，語法為：

```
pandas.read_html( 網頁位址 [, header= 欄位列 , index_col= 索引欄 ,
                  encoding= 編碼 , keep_default_na= 布林值 ])
```

- **keep_default_na**：非必填，值為布林值，設定是否去除空值 (NaN)。

例如，讀取 TIOBE 網站程式語言排行榜 (https://www.tiobe.com/tiobe-index) 中前十名的程式語言：

```
[13]  1  import pandas as pd
      2  url = 'https://www.tiobe.com/tiobe-index/'
      3  tables = pd.read_html(url, keep_default_na=False)
      4  tables[0].head(10)
```

	Aug 2022	Aug 2021	Change	Programming Language	Programming Language.1	Ratings	Change.1
0	1	2			Python	15.42%	+3.56%
1	2	1			C	14.59%	+2.03%
2	3	3			Java	12.40%	+1.96%
3	4	4			C++	10.17%	+2.81%
4	5	5			C#	5.59%	+0.45%
5	6	6			Visual Basic	4.99%	+0.33%
6	7	7			JavaScript	2.33%	-0.61%
7	8	9			Assembly language	2.17%	+0.14%
8	9	10			SQL	1.70%	+0.23%
9	10	8			PHP	1.39%	-0.80%

6.5.2 使用 Pandas 儲存資料

Pandas 的 DataFrame 資料可以儲存在檔案中,它的資料儲存方法如下:

方法	說明
to_csv	將資料儲存為表格式文字資料 (*.csv)。
to_excel	將資料儲存為 Microsoft Excel 資料 (*.xlsx)。
to_json	將資料儲存為 Json 格式文字資料 (*.json)。
to_html	將資料儲存為網頁中表格資料 (*.html)。
to_sql	將資料儲存為 SQLite 資料庫資料 (*.sqlite)。

因為操作方式很相似,這裡以 pandas.to_csv() 函式為例,要將 DataFrame 的資料儲存成檔案,語法為:

```
pandas.to_csv(檔案名稱 [, header=布林值, index=布林值,
               encoding=編碼, sep=分隔符號])
```

參數 header 及 index 的設定值,預設是 True,代表是否要保留欄位列或索引欄。

例如,建立 DataFrame 資料後將資料儲存在 <scores2.csv> 檔:

```
[14]  1  import pandas as pd
      2  scores = {'國文':{'王小明':65,'李小美':90,'陳大同':81,'林小玉':79},
      3           '英文':{'王小明':92,'李小美':72,'陳大同':85,'林小玉':53},
      4           '數學':{'王小明':78,'李小美':76,'陳大同':91,'林小玉':47},
      5           '自然':{'王小明':83,'李小美':93,'陳大同':89,'林小玉':94},
      6           '社會':{'王小明':70,'李小美':56,'陳大同':77,'林小玉':80}}
      7  df = pd.DataFrame(scores)
      8  df.to_csv('scores2.csv')
```

scores2.csv ×

1 to 4 of 4 entries Filte

	國文	英文	數學	自然	社會
王小明	65	92	78	83	70
李小美	90	72	76	93	56
陳大同	81	85	91	89	77
林小玉	79	53	47	94	80

Show 10 ▾ per page

sample_data
covid19.csv
covid19.json
covid19.xlsx
scores.csv
scores2.csv

6.6 Pandas 模組：繪圖應用

Pandas 除了可以用來讀取、儲存、分析資料，還可以快速的繪製圖表，非常實用。

在 Colab 設定 Matplotlib 的中文顯示

Matplotlib 預設無法顯示中文，我們可以直接利用 wget 指令在 Colab 下載開源免費的中文字型「翰字鑄造 - 台北黑體」檔 <TaipeiSansTCBeta-Regular.ttf>。

```
!wget --content-disposition
      https://drive.google.com/uc?id=1eGAsTN1HBpJAkeVM57_C7ccp7hbgSz3_
                                 &export=download
```

接著使用 matplotlib.font_manager 模組註冊中文字型，再利用 Matplotlib 的 rc() 函式指定中文字型參數。

```
1  import pandas as pd
2  import matplotlib
3  from matplotlib.font_manager import fontManager
4  # 加入中文字型設定：翰字鑄造-台北黑體
5  fontManager.addfont('TaipeiSansTCBeta-Regular.ttf')
6  matplotlib.rc('font', family='Taipei Sans TC Beta')
```

6.6.1 plot 繪圖方法

Pandas 模組是以 DataFrame 資料的 plot 方法繪製圖形，語法為：

```
DataFrame.plot()
```

可使用的參數非常多，常用的參數整理於下表：

參數	功能	預設值
kind	設定繪圖模式，例如折線圖、長條圖等。	line（折線圖）
title	設定繪製圖形的標題。	None
legend	設定是否顯示圖示說明。	True
grid	設定是否顯示格線。	False
xlim	設定繪製圖形 x 軸的刻度範圍。	None
ylim	設定繪製圖形 y 軸的刻度範圍。	None

參數	功能	預設值
xticks	設定繪製圖形 x 軸的刻度值。	None
yticks	設定繪製圖形 y 軸的刻度值。	None
x	設定繪製圖形的 x 軸資料。	None
y	設定繪製圖形的 y 軸資料。	None
fontsize	設定繪製圖形 x、y 軸刻度的字體大小。	None
figsize	設定繪製圖形的的長度及寬度。	None

kind 參數可設定繪圖模式，常用的圖形模式整理如下表：

參數值	圖形	參數值	圖形
line	折線圖	bar	長條圖
hist	直方圖	barh	橫條圖
scatter	散佈圖	pie	圓餅圖

6.6.2 繪製長條圖、橫條圖、堆疊圖

例如，新增公司北中南三區 2015 到 2019 年的分區銷售資料，分別繪製長條圖、橫條圖及堆疊圖：

```
1  import pandas as pd
2  import matplotlib
3  from matplotlib.font_manager import fontManager
4  # 加入中文字型設定: 翰字鑄造-台北黑體
5  fontManager.addfont('TaipeiSansTCBeta-Regular.ttf')
6  matplotlib.rc('font', family='Taipei Sans TC Beta')
7
8  df = pd.DataFrame([[250,320,300,312,280],
9                     [280,300,280,290,310],
10                    [220,280,250,305,250]],
11                    index=['北部','中部','南部'],
12                    columns=[2015,2016,2017,2018,2019])
13
14 g1 = df.plot(kind='bar', title='長條圖', figsize=[10,5])
15 g2 = df.plot(kind='barh', title='橫條圖', figsize=[10,5])
16 g3 = df.plot(kind='bar', stacked=True, title='堆疊圖', figsize=[10,5])
```

執行結果：

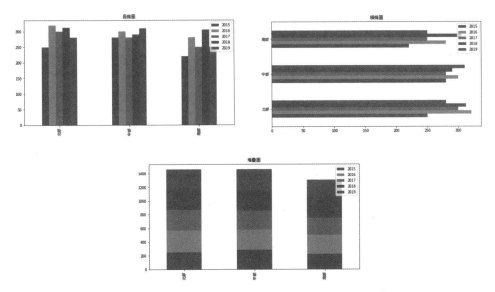

程式說明

■ 1-3　載入 pandas、matplotlib 模組。

■ 3-6　利用 matplotlib 模組的功能修正中文顯示問題，記得下載中文字型。

■ 8-12　建立公司分區各年度銷售資料 DataFrame。

■ 14　繪製長條圖。

■ 15　繪製橫條圖。

■ 16　繪製堆疊圖，其實就是長條圖加上 stacked=True 參數。

6.6.3 繪製折線圖

例如，將公司北中南三區 2015 到 2019 年的分區銷售資料分別繪製成折線圖：

```
 7
 8  df = pd.DataFrame([[250,320,300,312,280],
 9                     [280,300,280,290,310],
10                     [220,280,250,305,250]],
11                     index=['北部','中部','南部'],
12                     columns=[2015,2016,2017,2018,2019])
13
14  g1 = df.iloc[0].plot(kind='line', legend=True,
15                       xticks=range(2015,2020),
16                       title='公司分區年度銷售表',
17                       figsize=[10,5])
18  g1 = df.iloc[1].plot(kind='line',
19                       legend=True,
20                       xticks=range(2015,2020))
21  g1 = df.iloc[2].plot(kind='line',
22                       legend=True,
23                       xticks=range(2015,2020))
```

執行結果：

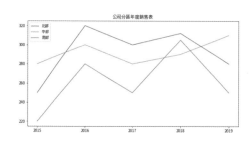

程式說明

- 14-17　以 df.iloc[0] 調出北區資料進行折線圖繪製。
- 18-20　以 df.iloc[1] 調出中區資料進行折線圖繪製。
- 21-23　以 df.iloc[2] 調出南區資料進行折線圖繪製。

6.6.4 繪製圓餅圖

例如，將公司北中南三區 2015 到 2019 年的分區銷售資料分別繪製成圖餅圖：

```
7
8   df = pd.DataFrame([[250,320,300,312,280],
9                      [280,300,280,290,310],
10                     [220,280,250,305,250]],
11                 index=['北部','中部','南部'],
12                 columns=[2015,2016,2017,2018,2019])
13  df.plot(kind='pie', subplots=True, figsize=[20,20])
```

執行結果：

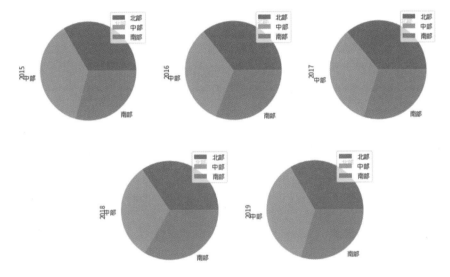

程式說明

■ 8-12　　建立公司分區各年度銷售資料 DataFrame。

■ 13　　　繪製圓餅圖，加上 subplot=True 參數，會讓多張圖表放置在同一個
區域之中。

6.7 Pandas 資料清洗

想要分析出可靠結果的前提，就是必須擁有正確的數據資料。在實務的案例中，你會發現用來分析的原始數據內容，經常存在空值、數據格式不一致、資料重複 ... 等問題。所以進行數據分析前，針對資料進行清洗與整理，是數據分析過程中相當重要但卻複雜的工作。以下將針對於幾種常見的數據資料清洗方式進行介紹：

6.7.1 空值的處理

Pandas 會以 NaN 顯示數據資料中的空值，可以利用以下的函數來搜尋、移除及取代空值：

函數	說明
`isnull()`	判斷是否為空值，回傳布林值。
`fillna(value, method)`	將空值填入指定值並回傳新的 Series 或 DataFrame。
`dropna()`	將空值資料刪除並回傳新的 Series 或 DataFrame。

我們將利用範例進行實作，以下是一個客戶資料表的內容 <customer.csv>，取得後發現資料有以下的問題：客戶編號 (id) 有重複，性別 (gender)、年齡 (age) 及居住地區 (area) 有空值，職業 (job) 內容文字有空白。

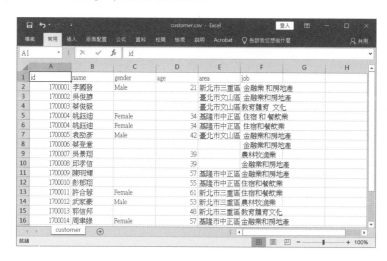

○ **注意**：若在 Colab 執行程式時，必須先將 CSV 檔案上傳到虛擬主機資料夾。

查詢空值：isnull()

```
1    import pandas as pd
2    # 讀取資料
3    df = pd.read_csv('customer.csv')
4    # 空值的處理
5    print('各個欄位有空值的狀況:')
6    print(df.isnull().sum())
7    print('有空值的記錄筆數:', df.isnull().any(axis=1).sum())
8    print('有空值的欄位數:', df.isnull().any(axis=0).sum())
9    print('age欄有空值的記錄:')
10   print(df[df['age'].isnull()])
```

執行結果：

```
各個欄位有空值的狀況:
id        0
name      0
gender    8
age       3
area      3
job       0
dtype: int64
有空值的記錄筆數: 8
有空值的欄位數: 3
age欄有空值的記錄:
        id name gender  age     area        job
1  1700002 吳俊諺    NaN  NaN  臺北市文山區   金融業和房地產
2  1700003 蔡俊毅    NaN  NaN  臺北市文山區   教育體育 文化
6  1700006 蔡登意    NaN  NaN      NaN   金融業和房地產
```

程式說明

- 1-3 　　　將 <customer.csv> 讀入成 DataFrame：df。

- 6 　　　用 isnull() 查詢 df 中有空值的欄位，並用 sum() 函數計次。

- 7 　　　用 isnull() 查詢 df 中有空值的記錄，any(axis=1) 是指所有的橫向的 row，並用 sum() 函數計次。

- 8 　　　用 isnull() 查詢 df 中有空值的欄位，any(axis=0) 是指所有的直向的 column，並用 sum() 函數計次。

- 10 　　　用 isnull() 查詢指定欄 df['age'] 是否有空值，並帶回 df 中將資料篩選出來。

空欄填值：fillna()

1. **填入 0**：對於資料欄位中的空值，最常是以 0 填入。

```
1  # 將age的空值填入0
2  df_sample = df.copy()
3  df_sample['age'] = df_sample['age'].fillna(value=0)
4  df_sample.head()
```

	id	name	gender	age	area	job	
0	1700001	李國發	Male	21.0	新北市三重區	金融業 和房地產	
1	1700002	吳俊諺	NaN	0.0	臺北市文山區	金融業和房地產	
2	1700003	蔡俊毅	NaN	0.0	臺北市文山區	教育體育 文化	

程式說明

- 2　　　　　用 df.copy() 將 df 複製到 df_sample 中。

- 3　　　　　設定 fillna() 參數 value=0，將 df_sample['age'] 中為空值的儲存格都填入 0

2. **填入指定值**：空欄也可以填入指定或運算後的值，例如可以使用 mean() 計算整個欄位的平均數填入，如此一來該欄位會有值，也不會影響分析的結果。

```
1  # 將age的空值填入平均值
2  df_sample = df.copy()
3  df_sample['age'] = df_sample['age'].fillna(
4                       value=df_sample['age'].mean())
5  df_sample.head()
```

	id	name	gender	age	area	job	
0	1700001	李國發	Male	21.0	新北市三重區	金融業 和房地產	
1	1700002	吳俊諺	NaN	45.0	臺北市文山區	金融業和房地產	
2	1700003	蔡俊毅	NaN	45.0	臺北市文山區	教育體育 文化	

程式說明

- 3-4　　　設定 fillna() 參數 value=0，將 df_sample['age'] 中為空值的儲存格都填入 df_sample['age'].mean() 平均值。

3. **前值往下填或後值往前填**：在範例中，性別 (gender) 欄的空值，是因為與前一筆資料相同，所以操作上希望可以用前一個值往下填 (forward-fill,ffill)，設定參數為 method='ffill'，反之也可以用後一個值往前填 (back-fill,bfill)，參數為 method='bfill'。

```
1  # 以前一個值往下填ffill或後一個值往上填bfill
2  df_sample['gender'] = df_sample['gender'].fillna(method='ffill')
3  df_sample['area'] = df_sample['area'].fillna(method='ffill')
4  df_sample.head()
```

	id	name	gender	age	area	job
0	1700001	李國發	Male	21.0	新北市三重區	金融業 和房地產
1	1700002	吳俊諺	Male	45.0	臺北市文山區	金融業和房地產
2	1700003	蔡俊毅	Male	45.0	臺北市文山區	教育體育 文化

程式說明

■ 3-4 設定 fillna() 參數 method='ffill'，將 df_sample['gender'] 及 df_sample['area'] 的前值後填。

刪除空值資料：dropna()

另一種經常操作的方式，是將數據資料中欄位有空值的記錄刪除。執行此方式時請特別留意，因為有時會刪除太多數據，反而導致資料不足。

```
[11]  1  # 刪除不完整的資料
      2  df.dropna()
```

	id	name	gender	age	area	job
0	1700001	李國發	Male	21.0	新北市三重區	金融業 和房地產
3	1700004	姚鈺迪	Female	34.0	基隆市中正區	住宿 和 餐飲業
4	1700004	姚鈺迪	Female	34.0	基隆市中正區	住宿和餐飲業
5	1700005	袁劭彥	Male	42.0	臺北市文山區	金融業和房地產
11	1700011	許合蓉	Female	61.0	新北市三重區	住宿和餐飲業
12	1700012	武家豪	Male	53.0	新北市三重區	農林牧漁業
14	1700014	周聿綠	Female	57.0	基隆市中正區	金融業和房地產

程式說明

■ 2 dropna() 會直接將 df 中有欄位為空值的記錄刪除。

6.7.2 去除重複資料

收集數據資料時常會發現有重複的資料,可用 drop_duplicates() 函數去除,語法為:

```
df.drop_duplicates(subset= 欄位 , keep= 保留選項 , inplace= 是否更新 )
```

1. **subset**:設定要來判斷重複的欄位,例如 subset='age',就是以判斷該欄是否有重複的資料。

2. **keep**:設定重複時要保留的資料,first 是第一筆 (預設),last 是最後一筆。

3. **inplace**:設定是否將原資料更新,設定值是 True/False 布林值。

```
[12]  1  # 去除重複的記錄
      2  df_sample.drop_duplicates(subset='id', keep='first', inplace=True)
      3  df_sample.head()
```

	id	name	gender	age	area	job
0	1700001	李國發	Male	21.0	新北市三重區	金融業 和房地產
1	1700002	吳俊諺	Male	45.0	臺北市文山區	金融業和房地產
2	1700003	蔡俊毅	Male	45.0	臺北市文山區	教育體育 文化
3	1700004	姚鈺迪	Female	34.0	基隆市中正區	住宿 和 餐飲業
5	1700005	袁劭彥	Male	42.0	臺北市文山區	金融業和房地產

程式說明

■ 2   利用 drop_duplicates() 將 df_sample['id'] 中重複資料去除,保留第一筆,並更新數據資料。

6.7.3 資料內容的置換

字串是資料中很重要的內容,在整理時常要去除其中的空白,或是置換字串,常用的方式如下:

函數	說明
df.str.strip	去除字串左右兩方的空白。
df.str.lstrip	去除字串左方的空白。
df.str.rstrip	去除字串右方的空白。
df.str.replace(原文字 , 取代文字)	將原文字取代成新文字內容。

```
[ ]  1  # 去除欄位中的空白
     2  df_sample['job'] = df_sample['job'].str.strip()
     3  df_sample['job'] = df_sample['job'].str.replace(' ', '')
     4  df_sample.head()
```

程式說明

■ 2　　　利用 `str.strip()` 將 `df_sample['job']` 欄位中字串兩邊的空白去除。

■ 3　　　利用 `str.replace()` 將 `df_sample['job']` 欄位中字串中的空白取代掉。

6.7.4　調整資料的格式

數據資料中的每個欄位應該要設定適當的資料格式，執行運算分析或是顯示才會有正確的結果。如果要轉換格式，可以使用 astype(資料格式) 函數。

```
[14]  1  # 轉換值的格式
      2  df_sample['age'] = df_sample['age'].astype('int32')
      3  df_sample.head()
```

	id	name	gender	age	area	job
0	1700001	李國發	Male	21	新北市三重區	金融業和房地產
1	1700002	吳俊諺	Male	45	臺北市文山區	金融業和房地產
2	1700003	蔡俊毅	Male	45	臺北市文山區	教育體育文化

程式說明

■ 2　　　設定 `astype()` 參數 `int32`，將 `df_sample['age']` 中值由浮點數轉為整數。

6.8 Pandas 資料篩選、分組運算

在 Pandas 中可以用欄位，配合大於 (>)、小於 (<)、等於 (=)、不等於 (!=) 比較運算子設定條件式進行篩選。

6.8.1 Pandas 資料篩選

設定欄位條件式

```
[16]  1  # 篩選女性的資料
      2  df_sample[(df_sample['gender'] == 'Female')]
```

	id	name	gender	age	area	job	
3	1700004	姚鈺迪	Female	34	基隆市中正區	住宿和餐飲業	
11	1700011	許合蓉	Female	61	新北市三重區	住宿和餐飲業	
14	1700014	周聿線	Female	57	基隆市中正區	金融業和房地產	

程式說明

■ 2　　　設定 `df_sample['gender']=='Female'` 條件式篩選資料。條件式建議要加 ( ) 括號。

設定多個條件式

若是多個條件式時，就必須使用邏輯運算式進行串接，如「與」要用「&」符號，「或」要用「|」符號。要特別注意：條件式要加上 () 括號，否則會顯示錯誤訊息。

```
  1  # 篩選男性且大於50歲的資料
  2  print(df_sample[(df_sample['gender'] == 'Male')
  3          & (df_sample['age'] > 50)])
  4
  5  # 篩選住在新北市三重區或基隆市中正區的資料
  6  print(df_sample[(df_sample['area'] == '新北市三重區')
  7          | (df_sample['area'] == '基隆市中正區')])
```

執行結果：

```
     id name gender age     area       job
9  1700009 陳明輝  Male   57 基隆市中正區  金融業和房地產
10 1700010 彭郁翔  Male   55 基隆市中正區  住宿和餐飲業
12 1700012 武家豪  Male   53 新北市三重區  農林牧漁業
     id name gender age     area       job
0  1700001 李國發  Male   21 新北市三重區  金融業和房地產
3  1700004 姚鈺迪 Female  34 基隆市中正區  住宿和餐飲業
9  1700009 陳明輝  Male   57 基隆市中正區  金融業和房地產
10 1700010 彭郁翔  Male   55 基隆市中正區  住宿和餐飲業
11 1700011 許合蓉 Female  61 新北市三重區  住宿和餐飲業
12 1700012 武家豪  Male   53 新北市三重區  農林牧漁業
13 1700013 郭信邦  Male   48 新北市三重區  教育體育文化
14 1700014 周聿綠 Female  57 基隆市中正區  金融業和房地產
```

程式說明

- 2-3 設定條件式篩選資料：df_sample['gender']=='Male'「且」
  df_sample['age']>50，二個條件式連接用「&」符號，二個條件式也各自加上 () 括號。

- 6-7 設定條件式篩選資料：df_sample['area']==' 新北市三重區 '「或」
  df_sample['area']==' 基隆市中正區 '，二個條件式連接用「|」符號，二個條件式也各自加上 () 括號。

6.8.2 Pandas 資料分組運算

很多時候會想要把數據中的資料，依照某些特性分門別類，並依此分組彙總運算。

分組運算：groupby()

例如想要知道客戶資料中男女生的平均年齡：

```
[20]  1  #客戶中男女生的平均年齡
      2  df_sample.groupby('gender')['age'].mean()
```

```
gender
Female   50.666667
Male     44.454545
Name: age, dtype: float64
```

這裡可以使用 groupby() 函數，以性別 (gender) 來分組進行運算。由結果可以知道，男生 (Male) 的平均年齡 (age) 是 44.454545 歲，女生 (Female) 是 50.666667 歲，平均值是用 mean() 函數運算的。

以剛才的範例來說，如果想要知道客戶資料中各個區域的人數：

```
[21]  1  #客戶中住各區的人數
      2  df_sample.groupby('area')['id'].count()
```

```
area
基隆市中正區    4
新北市三重區    4
臺北市文山區    6
Name: id, dtype: int64
```

由結果可以知道各區的客戶人數各是多少，人數計算是用 count() 函數運算的。

彙總統計：agg()

你也可以用 **agg()** 彙總函式，搭配 **groupby()** 分組函式，進行多種彙總統計。例如我們想要知道在客戶資料庫當中，男女生的平均年齡，以及最年長與最年輕的年齡，

```
[24]  1  #客戶中男女生的平均年齡、最年長及最年輕的年齡
      2  df_sample.groupby('gender')['age'].agg(['mean', 'max', 'min'])
```

gender	mean	max	min
Female	50.666667	61	34
Male	44.454545	57	21

這裡可以使用 groupby() 函數，以年齡 (age) 來分組，並利用 agg() 函數整合了平均值 (mean)、最大值 (max) 及最小值 (min) 的統計運算。由結果就能知道客戶男女生的平均年齡，以及最年長與最年輕的年齡。

Chapter

07

LINE 貼圖收集器

* **專題方向**
* **關鍵技術**

  網頁原始碼分析

  擷取指定標籤和鍵值資料

* **實戰：LINE 貼圖收集器**

  LINE 貼圖下載

  完整程式碼

  延伸應用

7.1 專題方向

LINE 已成為我們生活中不可或缺的通訊軟體，透過 LINE 貼圖裡俏皮可愛的插畫圖樣便能緩和文字給人的生疏感，也可療癒情緒，在這個專題中將利用網路爬蟲的技術，快速收集你喜歡的 LINE 貼圖。

專題檢視

在 **LINE 官方貼圖** (https://store.line.me/stickershop/home/general/zh-Hant) 網站中，有許多官方貼圖和個人原創的貼圖，還有表情貼圖、主題貼圖，有療癒系、甜蜜系、職場系…各種活潑生動的 LINE 貼圖，內容完整豐富。

▲ Line 官方貼圖網站：https://store.line.me/stickershop/home/general/zh-Hant

請在 **個人原創貼圖** 中點選任一個原創貼圖的圖示，即可以看到此系列所有貼圖。

在許多工具的幫助下，製作個人貼圖的難度門檻越來越低，所以有不少人都能自行製作貼圖上架到 LINE 官方貼圖的網站中。如果想要備份自己或是朋友所上架的貼圖作品，除了一個一個圖下載之外，有沒有快速而方便的方法呢？

在本專題中，我們將選擇一個原創貼圖中的作品，利用網路爬蟲技術，下載其中所有的貼圖。

更重要的竹是，學會本專題下載的技能就可以舉一反三，分析並爬取自己更有興趣的主題貼圖。

專題重點

以下是在專題操作時要關注的焦點：

1. 我們希望能一次下載所有圖片，並且儲存在 Colab 本機中。首先是由網站的原始碼分析出圖片的位址，接著是由圖片位址下載圖檔到 Colab 主機中儲存。

2. 將下載的圖片壓縮成為一個檔案，再下載該壓縮檔到本機中儲存。

7.2 關鍵技術

想要正確取得網頁中所需的資料，必須先分析網頁的架構或原始碼，同時也要針對不同的專題的需求，安裝所需的模組。

7.2.1 網頁原始碼分析

本範例是一個較簡單的範例，很適合網路爬蟲初學者，練習如何分析網頁和原始碼，然後取得相片的圖檔網址，再根據這些網址下載相片並存檔。這些資料都在網頁的原始碼中，最好的方式是使用 Google Chrome 網頁開發人員工具，再搭配使用網頁原始碼視窗來解析。

使用 Google Chrome 網頁開發人員工具

請先選取一個個人貼圖圖示進入頁面，首先將滑鼠移動到要下載的第一張圖片上按右鍵，於快顯功能表按 **檢查 (N)**(或是按 **F12** 鍵)，開啟網頁開發人員工具介面。

預設會停在 **Elements** 的頁籤，可以看到這段文字的 HTML 原始碼是包含在「<ul class="mdCMN09UI FnStickerList">」標籤中，標籤中有很多的 <li> 項目，每一個 <li> 項目中都包含一張貼圖。

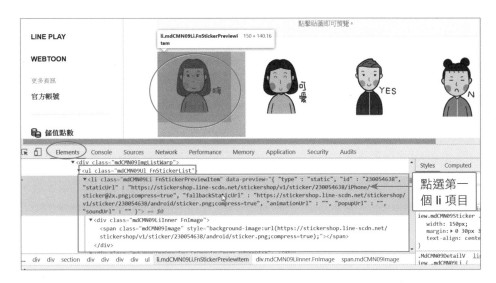

我們先搜尋有多少個 <li> 項目，請將滑鼠移到 **Elements** 頁籤下的程式碼視窗中並點選，再按 **Ctrl+F** 鍵打開搜尋視窗，然後在搜尋視窗中輸入「mdCMN09Li FnStickerPreviewItem」。以本範例為例，可以看到總共搜尋到 32 筆資料，你可以比對頁面上貼圖的數目是否與這個數字相符。

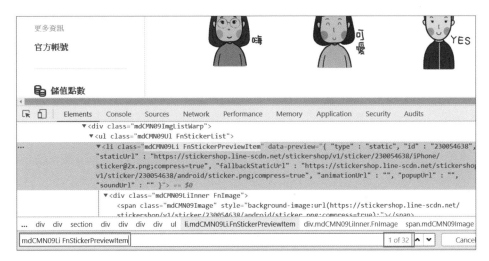

7.2.2 擷取指定標籤和鍵值資料

使用 find_all 方法就可以取得這 40 筆 <li> 的資料，並儲存在 datas 串列中，程式碼如下。

```
datas = soup.find_all('li', {'class':'mdCMN09Li FnStickerPreviewItem'})
```

接著對 <li> 項目作分析。如下圖，你會發現其中有一個屬性 **data-preview**，這個值的內容格式是一個 json，而該張貼圖的下載位址，就在 **staticUrl** 鍵中，而圖片的檔名可以使用在 **data-preview** 屬性的 **id** 鍵。

```
▼<li class="mdCMN09Li FnStickerPreviewItem" data-preview={ "type" : "static", "id" : "279673646", "staticUrl" :
"https://stickershop.line-scdn.net/stickershop/v1/sticker/279673646/iPhone/sticker@2x.png;compress=true",
"fallbackStaticUrl" : "https://stickershop.line-scdn.net/stickershop/v1/sticker/279673646/android/sticker.png;
compress=true", "animationUrl" : "", "popupUrl" : "", "soundUrl" : "" }">
  ▶<div class="mdCMN09LiInner FnImage">…</div>
  ▶<div class="mdCMN09ImgPreview FnPreviewImage MdNonDisp">…</div> == $0
</li>
```

以 data.get('data-preview') 或 data['data-preview'] 可以取得 data-preview 屬性內容，但因為內容是字典格式的字串，必須匯入 json 模組，再以 json.loads() 方法將字串轉換為字典，才能以字典的格式取得 staticUrl、id 的內容。

```
import json
for data in datas:
    imginfo = json.loads(data.get('data-preview'))
```

轉換為字典後，即可以 id、staticUrl 鍵取得指定的內容。

```
    id = imginfo['id']
    imgfile = requests.get(imginfo['staticUrl']) # 載入圖片
```

改變網頁開發人員工具介面的位置

預設網頁開發人員工具介面的位置在右方，可以依實際需求按 ⋮ 圖示開啟交談視窗，在 Dock side 改變其排列的位置，例如：本專題是放在下方。

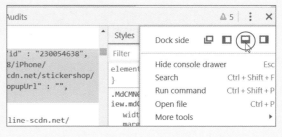

7.3 實戰：LINE 貼圖收集器

7.3.1 LINE 貼圖下載

執行情形

程式執行後會自動下載指定系列的所有貼圖。

左下圖為下載後依圖片檔名儲存 Colab 伺服器 <line_image> 目錄中，並顯示儲存的
檔名，右下圖為圖片從 Colab 伺服器將圖檔壓縮後下載到本機永久儲存完成的畫面。

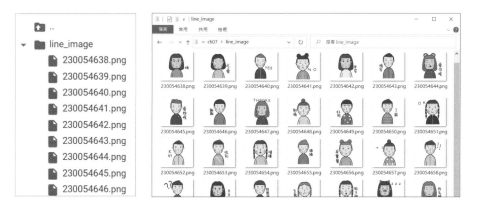

載入相關的模組

```
[6]  1  import requests,os,json
     2  from bs4 import BeautifulSoup
```

設定貼圖網址

```
[2]  1  # 設定url儲存貼圖網址，向該網站提出get請求，並傳回結果
     2  url = 'https://store.line.me/stickershop/product/8991459/zh-Hant'
     3  html = requests.get(url)
```

建立 BeautifulSoup 物件

```
[3]  1  soup = BeautifulSoup(html.text,'html.parser')
```

建立目錄儲存圖片

```
[4]  1  # 建立目錄儲存圖片
     2  images_dir= "line_image/" # 存 Colab 本機
     3  if not os.path.exists(images_dir):
     4      os.mkdir(images_dir)
```

下載貼圖

```
[8]  1  datas = soup.find_all('li', {'class':'mdCMN09Li FnStickerPreviewItem'})
     2  for data in datas:
     3      # 將字串資料轉換為字典
     4      imginfo = json.loads(data.get('data-preview'))
     5      id=imginfo['id']
     6      imgfile = requests.get(imginfo['staticUrl']) #載入圖片
     7
     8      full_path = os.path.join(images_dir,id) #儲存的路徑和主檔名
     9      # 儲存圖片
     10     with open(full_path + '.png', 'wb') as f:
     11         f.write(imgfile.content)
     12     print(full_path + '.png') #顯示儲存的路徑和檔名
```

程式說明

■ 1 以 find_all 方法取得所有 li 標籤中類別名稱為「mdCMN09Li FnStickerPreviewItem」的資料，datas 會傳回一個串列。

■ 2-12 依序處理所有的 <li> 項目。

■ 4 以 data.get('data-preview') 取得 data-preview 屬性內容，再以 json.loads() 方法將字串轉換為字典。

■ 5 以字典的格式取得 id 內容，這個內容是圖片的編號。

■ 6 以字典的格式取得 staticUrl 內容，也就是圖片的網址，再以 get 請求載入這張圖片並儲存到 imgfile 變數中。

■ 8 full_path 為圖檔儲存的路徑和主檔名。

■ 10-11 儲存圖片。

■ 12 顯示圖片儲存的路徑和檔名。

將圖檔儲存到本機

目前下載的圖片檔儲存於 Colab 伺服器，當關閉或重置 Colab 伺服器後，這些圖片檔就會消失，因此必須將圖片檔下載到本機才能永久儲存。Colab 僅支援單一檔案下載，無法下載整個資料夾，如果圖片檔數量很多，可以先將整個資料夾壓縮成為一個檔案，再下載該壓縮檔。

Colab 建立資料夾壓縮檔的語法為：

```
!zip 輸出檔案名稱 要壓縮的檔案或資料夾
```

「要壓縮的檔案或資料夾」有多個時，以空格分隔。

例如將 <line_image> 資料夾壓縮為 <line_image.zip> 檔案：

```
!zip line_image line_image/*
```

下載檔案的操作：在檔案名稱按滑鼠右鍵，於快顯功能表點選 **Download** 即可下載該檔案，下載後解壓縮就可取得所有圖片檔。

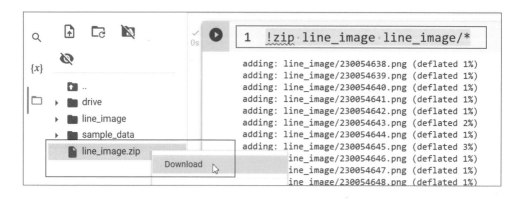

7.3.2 完整程式碼

```
1   import requests,os,json
2   from bs4 import BeautifulSoup
3
4   url = 'https://store.line.me/stickershop/product/10571593/zh-Hant'
5   html = requests.get(url)
6   soup = BeautifulSoup(html.text,'html.parser')
7
8   # 建立目錄儲存圖片
9   images_dir= "line_image/"
10  if not os.path.exists(images_dir):
11      os.mkdir(images_dir)
12
13  # 下載貼圖
14  datas = soup.find_all('li', {'class':'mdCMN09Li FnStickerPreviewItem'})
15  for data in datas:
16      # 將字串資料轉換為字典
17      imginfo = json.loads(data.get('data-preview'))
18      id=imginfo['id']
19      imgfile = requests.get(imginfo['staticUrl']) # 載入圖片
20
21      full_path = os.path.join(images_dir,id) # 儲存的路徑和主檔名
22      # 儲存圖片
23      with open(full_path + '.png', 'wb') as f:
24          f.write(imgfile.content)
25      print(full_path + '.png') #顯示儲存的路徑和檔名
```

程式說明

- 1-2　　　　載入相關的模組。
- 4-5　　　　設定 url 來儲存貼圖的網址，向該網站提出 get 請求，並傳回結果。
- 6　　　　　建立 BeautifulSoup 物件。
- 9-11　　　檢查 line_image 目錄是否已經建立，若尚未建立則建立該目錄。
- 14　　　　取得所有 li 標籤中類別為「mdCMN09Li FnStickerPreviewItem」的資料，並傳回一個串列。
- 15-25　　依序處理所有的 <li> 項目。
- 17　　　　取得 data-preview 屬性內容，再以 json.loads() 方法將字串轉換為字典。
- 18　　　　取得 id 內容，即圖片的編號。
- 19　　　　載入這張圖片並儲存到 imgfile 變數中。
- 21　　　　設定圖檔儲存的路徑和主檔名。
- 23-25　　儲存圖片並顯示圖片儲存的路徑和檔名。

7.3.3 延伸應用

在 LINE 貼圖官方網站中，個人貼圖的頁面應用了 CSS 與 JavaScript 的方式，將圖片顯示的方式放置在 HTML 的標籤屬性中，將爬取圖片的難度加深了一層。在剛才的教學中，只要扎實學習網頁原始碼的分析技術，搭配 Python 的語法，即可成功批次下載備份指定的貼圖作品。

接著只要善用迴圈的功能，還可以進階製作成批次下載器，只要給予程式想要下載的系列貼圖編號，程式就能依照排程將這些貼圖一一下載，備份到自己的主機中喔！

Chapter

08

YouTube 影片資源下載

8.1 專題方向

YouTube (https://www.youtube.com) 是全球最大的影音分享平台，不論是兒童、創作者、遊戲玩家、樂迷、電視節目愛好者和其他使用者，都可以在這裡找到吸引你的影片。使用者在觀看之餘也能分享，甚至與喜愛的創作者及粉絲們交流互動。許多工具都提供了下載 YouTube 的影片及相關資源的功能，其實 Python 就做得到喔！

專題檢視

Python 可以藉由 Pytube 模組的幫忙，在簡潔易讀的程式碼運作下，快速的下載 YouTube 的影片、音樂、字幕等內容，甚至還能利用播放清單，批次下載相關的影片。

▲ YouTube 網站：https://www.youtube.com

專題重點

1. Pytube 模組是專為下載 YouTube 影片撰寫的模組，開發者能在載入模組後快速完成 YouTube 影片及播放清單的下載工作。

2. YouTube 提供非常多種影片格式以滿足使用者不同需求，Pytube 模組可取得影片所有格式，並提供非常多參數讓使用者篩選出適當格式下載，例如可下載 720P、同時具有影像及聲音的高品質影片檔，或者下載只有聲音的 MP3 格式聲音檔等。

8.2 關鍵技術

YouTube 已是世界最大影片網站，其中有許多值得珍藏的影片，因此大部分人皆有從 YouTube 網站下載影片的需求。

8.2.1 Pytube 模組的使用

安裝 Pytube

Colab 預設並未安裝 Pytube 模組，自行安裝 Pytube 模組的方法為：

```
!pip install pytube
```

下載第一部 YouTube 影片

使用 Pytube 模組下載 YouTube 影片非常簡單，只要 3 列程式即可完成！

撰寫使用 Pytube 下載 YouTube 影片的程式，首先要匯入 Pytube 模組：

```
from pytube import YouTube
```

接著以 Pytube 模組中 YouTube 類別建立物件，語法為：

```
物件變數 = YouTube( 影片位址 )
```

例如建立的物件變數為 yt，要下載的影片網址為「https://www.youtube.com/watch?v=27ob2G3GUCQ」：

```
yt = YouTube('https://www.youtube.com/watch?v=27ob2G3GUCQ')
```

最後利用 download 方法就可下載影片，語法為：

```
物件變數 .streams.first().download()
```

例如使用 yt 物件變數下載影片：

```
yt.streams.first().download()
```

下載的影片會儲存於 Pytube 程式所在的資料夾。

下面範例會下載指定影片。由於影片下載需一段時間,因此第 3 列在下載前告知使用者已開始下載,下載完成後在第 5 列顯示訊息。

執行後會將影片檔案存於 Python 程式所在的資料夾 (此處為 Colab 根目錄),而檔案名稱則是 YouTube 網站中的影片名稱。

```
[2]  1 from pytube import YouTube
     2 yt = YouTube('https://www.youtube.com/watch?v=27ob2G3GUCQ')
     3 print('開始下載影片,請稍候!')
     4 yt.streams.first().download()
     5 print('影片下載完成')

開始下載影片,請稍候!
影片下載完成
```

如果要將影片下載到本機,可在影片檔案名稱按滑鼠右鍵,再於快顯功能表點選 **Download** 即可下載。

8.2.2 影片名稱及存檔路徑

在 YouTube 中,影片可能有多種不同格式,上面範例第 4 列是下載第一個格式的影片。Pytube 提供許多方法可取得 YouTube 影片各種資訊。

取得影片名稱

title 屬性可取得影片名稱,以上面範例的影片網址為例:

```
yt.title
```

執行結果為「橡皮筋還能用來這樣嚇人？趣味魔術教學｜阿夾魔術教室」。

下載的檔案名稱即為影片名稱，下載時會自動依影片格式加入附加檔名。

```
[3]    1 yt.title
```

'橡皮筋還能用來這樣嚇人？趣味魔術教學｜阿夾魔術教室'

下載時存於指定資料夾

上面範例中 download 方法沒有傳送參數，下載的檔案會存於 Python 程式所在的資料夾；若是要將下載檔案存於指定的資料夾時，可將存檔路徑做為 download 方法的參數。例如要將下載檔案存於 Colab 根目錄的 download 資料夾：

```
yt.streams.first().download('download')
```

如果 download 方法指定的路徑不存在，會先依照指定路徑建立資料夾再將影片存於該資料夾中。

下面範例會顯示目前正在下載的影片名稱，並將下載影片存於 Colab 根目錄的 download 資料夾，若該資料夾不存在，則會先建立該資料夾。顯示下載的影片名稱可讓使用者判斷下載的影片是否正確。

```
[4]    1 from pytube import YouTube
       2 yt = YouTube('https://www.youtube.com/watch?v=27ob2G3GUCQ')
       3 print('開始下載：' + yt.title)
       4 pathdir = 'download'    #下載資料夾
       5 yt.streams.first().download(pathdir)
       6 print('「' + yt.title + '」下載完成！')
```

開始下載：橡皮筋還能用來這樣嚇人？趣味魔術教學｜阿夾魔術教室
「橡皮筋還能用來這樣嚇人？趣味魔術教學｜阿夾魔術教室」下載完成！

8.2.3 影片格式

YouTube 提供非常多的影片格式以滿足使用者不同的需求，Pytube 模組提供 streams 方法取得影片所有格式。

例如前一小節的範例，以 streams 方法查看影片所有格式：

```
yt.streams
```

傳回值是一個串列，每一個元素就是一種格式 (共 16 個元素)：

```
[<Stream: itag="17" mime_type="video/3gpp" res="144p" fps="10fps"
    vcodec="mp4v.20.3" acodec="mp4a.40.2" progressive="True"
    type="video">,
<Stream: itag="18" mime_type="video/mp4" res="360p" fps="30fps"
    vcodec="avc1.42001E" acodec="mp4a.40.2" progressive="True"
    type="video">,
...
<Stream: itag="251" mime_type="audio/webm" abr="160kbps"
    acodec="opus" progressive="False" type="audio">]
```

格式中包含影片類型、解析度、影像編碼、聲音編碼等資訊。

如果只要取得影片格式數量，可使用串列的 len 函式取得，例如：

```
len(yt.streams)   #18
```

streams 可以使用下列方法對影片格式進行操作：

方法	功能	語法範例
first()	傳回第一個影片格式	yt.streams.first()
last()	傳回最後一個影片格式	yt.streams.last()
filter()	傳回符合指定條件的影片格式	yt.streams.filter(subtype='mp4')

前一小節的範例是以 first 方法下載第一個格式的影片：影片類型為「3gpp」、解析度為「144p」、影像編碼為「mp4v.20.3」、聲音編碼為「mp4a.40.2」。

篩選影片

YouTube 提供的影片格式太多，使用者最好使用 filter 篩選所要下載的影片格式。

filter 的語法為：

```
yt.streams.filter(條件一 = 值一 , 條件二 = 值二 , ……).處理方法
```

filter 的處理方法與 streams 的方法雷同，整理於下表：

方法	功能
first()	傳回符合條件的第一個影片格式
last()	傳回符合條件的最後一個影片格式

filter 的條件整理於下表：

條件	功能	語法範例
progressive	篩選同時具備影像及聲音的格式	progressive=True
adaptive	篩選只具有影像或聲音其中之一的格式	adaptive=True
subtype	篩選指定影片類型的格式	subtype='mp4'
res	篩選指定解析度的格式	res='720p'

條件「adaptive」是只有影像或聲音兩者之一，也就是格式中只有影像編碼 (vcodec) 或聲音編碼 (acodec)。前一小節範例符合此種條件的格式有 15 個：

```
len(yt.streams.filter(adaptive=True))   #15
```

條件「progressive」則是影像及聲音兩者都具備才符合條件，也就是格式中同時具有影像編碼 (vcodec) 或聲音編碼 (acodec)。前一小節範例符合此種條件的格式有 3 個，將其列出的程式碼為：

```
yt.streams.filter(progressive=True)
```

傳回值為：

```
[<Stream: itag="17" mime_type="video/3gpp" res="144p" fps="10fps"
    vcodec="mp4v.20.3" acodec="mp4a.40.2" progressive="True"
    type="video">,
<Stream: itag="18" mime_type="video/mp4" res="360p" fps="30fps"
    vcodec="avc1.42001E" acodec="mp4a.40.2" progressive="True"
    type="video">,
<Stream: itag="22" mime_type="video/mp4" res="720p" fps="30fps"
    vcodec="avc1.64001F" acodec="mp4a.40.2" progressive="True"
    type="video">]
```

「subtype」是以影片類型篩選，「res」是以解析度篩選，使用者通常會使用這兩個條件做為下載影片的依據。例如篩選影片類型為「mp4」，解析度為「720p」的格式：

```
yt.streams.filter(subtype='mp4', res='720p')
```

下載影片

下載影片的方法為 download，需注意 download 方法要置於 first 或 last 方法的後面，例如下載所有格式的第一個影片：

```
yt.streams.first().download()
```

或者下載影片類型為「mp4」格式的最後一個影片：

```
yt.streams.filter(subtype='mp4').last().download()
```

由於 yt.streams 傳回值是一個串列，也可以使用串列索引來下載指定影片，例如下載影片格式的第 3 個影片：

```
yt.streams[2].download()
```

下面是使用者常犯的錯誤語法，會使程式中斷執行：

```
yt.streams.download()    #錯誤
yt.streams.filter(subtype='mp4').download()    #錯誤
```

範例：下載 YouTube 影片

以 Pytube 模組下載指定的 YouTube 影片，並顯示各項影片資訊。

```
[10]     1 from pytube import YouTube
         2
         3 yt = YouTube('https://www.youtube.com/watch?v=27ob2G3GUCQ')
         4 print("影片名稱：" + yt.title)
         5 print("影片格式共有 " + str(len(yt.streams)) + ' 種')
         6 print("影片型態為 mp4 且影像及聲音都有的影片：")
         7 print(yt.streams.filter(subtype='mp4', progressive=True))
         8 print('開始下載 mp4, 360p 的影片：')
         9 pathdir = 'download1'    #下載資料夾
        10 yt.streams.filter(subtype='mp4', res='360p', progressive=True).\
        11     first().download(pathdir) #下載mp4,360影片
        12 print('下載完成！ 下載檔案存於 ' + pathdir + ' 資料夾')
```

程式說明

- ■ 4　　　　顯示下載的影片名稱。
- ■ 5　　　　顯示所有影片格式數量。
- ■ 6-7　　　顯示影片型態為「mp4」且具有影像及聲音的影片格式。
- ■ 9　　　　設定儲存下載影片資料夾。
- ■ 10-11　　下載影片。

執行結果：

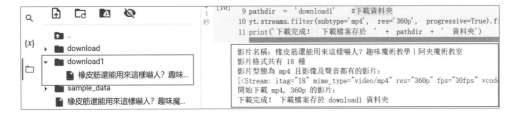

8.2.4 下載聲音檔

通常影片檔大小會比聲音檔大的多，而有許多場合只適合播放聲音檔，例如跑步、騎車等，此時就有下載 YouTube 聲音檔的需求。YouTube 不但提供多種格式的影片檔，連聲音檔也有許多格式。

Pytube 過濾聲音檔的參數有兩種：第一種是「only_audio」，語法為：

```
YouTube 物件 .streams.filter(only_audio=True)
```

例如 YouTube 物件為 yt：

```
yt.streams.filter(only_audio=True)
```

下面為過濾參數「only_audio=True」傳回值的範例：

```
[<Stream: itag="139" mime_type="audio/mp4" abr="48kbps"
    acodec="mp4a.40.5" progressive="False" type="audio">,
 <Stream: itag="140" mime_type="audio/mp4" abr="128kbps"
    acodec="mp4a.40.2" progressive="False" type="audio">,
 <Stream: itag="249" mime_type="audio/webm" abr="50kbps"
    acodec="opus" progressive="False" type="audio">,
.........
```

上面範例表示此影片的聲音檔有 mp4 格式 (注意 mp4 可能是影片檔，也可能是聲音檔，此處為聲音檔) 及 webm 格式。

第 2 種過濾參數為「mime_type」，用來指定聲音格式，語法為：

```
YouTube 物件 .streams.filter(mime_type=' 聲音格式 ')
```

「聲音格式」的值有 2 種：「audio/mp4」及「audio/webm」。

例如：

```
yt.streams.filter(mime_type='audio/mp4')
```

在上面的範例中，mp4 格式有 2 種，是不同聲音取樣頻率 (48 及 128 kbps)，頻率越高聲音越清晰，但檔案越大，使用者可根據需求下載。

下面範例會下載第 1 個 mp4 及第 3 個 webm 聲音檔，下載檔案儲存於 Colab 根目錄的 download2 資料夾中。

```
[18]  1 from pytube import YouTube
      2
      3 yt = YouTube('https://www.youtube.com/watch?v=27ob2G3GUCQ')
      4 pathdir = 'download2'   #下載資料夾
      5 print('開始下載聲音檔 : ')
      6 yt.streams.filter(mime_type='audio/mp4').first().\
      7     download(pathdir)   #下載mp4聲音檔
      8 yt.streams.filter(mime_type='audio/webm')[2].\
      9     download(pathdir)   #下載webm聲音檔
     10 print('下載完成！')
```

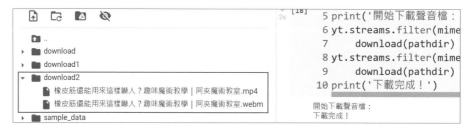

程式說明

- 4　　　　設定儲存下載影片的路徑。
- 6-7　　　下載第 1 個「mp4」格式聲音檔。
- 8-9　　　下載第 3 個「webm」格式聲音檔。

8.3 實戰：批次下載 YouTube 影片

Pytube 模組除了可以輕鬆下載 YouTube 單一影片外，還可以批次下載 YouTube 播放清單中所有影片。

8.3.1 認識 YouTube 播放清單

YouTube 提供「播放清單」功能讓使用者可以將同性質的影音檔案集中管理，不但方便自己將影片分門別類整理，也可以很容易的分享給他人。在 YouTube 搜尋欄位輸入「播放清單」就可看到網友分享的大量播放清單。在左方圖片按滑鼠左鍵一下就進入播放清單頁面，同時播放第一個影片。

播放清單頁面右方有清單中所有影片的列表資料，網址列中有播放清單網址。

8.3.2 批次下載播放清單中所有影片

如何將播放清單中所有影片批次下載回來，一直是使用者夢寐以求的事。Pytube 模組的 Playlist 功能可讓使用者輕易獲取播放清單中所有影片的播放位址，使用者可以利用這些位址批次下載影片。

首先要匯入 Playlist 模組，語法為：

```
from pytube import Playlist
```

接著建立 Playlist 物件，語法為：

```
清單變數 = Playlist(" 播放清單網址 ")
```

例如，建立清單變數為 playlist 的 Playlist 物件：

```
playlist = Playlist("https://www.youtube.com/watch?v=LjYxrkV2nFQ&
    list=PLOtatVzkwH1Xp8eVlVcS7V0e6PYZlH617")
```

最後以 Playlist 物件的 video_urls 方法就能取得播放清單的所有網址，語法為：

```
影片變數 = 清單變數 .video_urls
```

例如，影片變數為 videolist，影片變數是一個串列，元素是影片網址：

```
videolist = playlist.video_urls
```

下面為影片變數內容的範例：

```
['https://www.youtube.com/watch?v=LjYxrkV2nFQ',
 'https://www.youtube.com/watch?v=uHglLylzSzo',
 'https://www.youtube.com/watch?v=REQE6k6OD6k',
 … （略）
]
```

```
[22]  1 videolist = playlist.video_urls
      2 videolist

['https://www.youtube.com/watch?v=LjYxrkV2nFQ', 'https://www.youtube.com/watch?v=uHglLylzSzo',
 'https://www.youtube.com/watch?v=REQE6k6OD6k', 'https://www.youtube.com/watch?v=vyBhX4aKR_A',
 'https://www.youtube.com/watch?v=_AMNbbj84oI', 'https://www.youtube.com/watch?v=Cmccdmp38Vg',
 'https://www.youtube.com/watch?v=4E2Xas1UaY0', 'https://www.youtube.com/watch?v=hQDvTApI0Ys']
```

由於影片變數由影片網址組成的串列，下面程式使用前一節下載單一影片的方式，在迴圈中將影片逐一下載回來。

```
[21]  1 from pytube import YouTube
      2 from pytube import Playlist
      3
      4 playlist = Playlist("https://www.youtube.com/watch?v=LjYxrkV2nFQ&"\
      5     "list=PLOtatVzkwH1Xp8eVlVcS7V0e6PYZlH617")    #建立物件
      6 videolist = playlist.video_urls  #取得所有影片連結
      7 print('共有 ' + str(len(videolist)) + ' 部影片')
      8
      9 pathdir = 'download3'  #下載資料夾
     10 print('開始下載：')
     11 n = 1
     12 for video in videolist:
     13     yt = YouTube(video)
     14     print(str(n) + '. ' + yt.title)   #顯示標題
     15     yt.streams.filter(subtype='mp4', res='360p', progressive=True).\
     16         first().download(pathdir)  #下載mp4,360p影片
     17     n = n + 1
     18 print('下載完成！')
```

程式說明

- 1-2　　匯入所需的模組。

- 4-5　　建立 Playlist 物件。

- 6　　　取得所有影片網址。

- 7　　　顯示影片數量。

- 9　　　設定儲存下載影片的路徑。

- 12-17　逐一下載影片。

- 14　　顯示影片標題。

- 15-16　下載單一影片。

程式執行後會顯示下載的影片標題，影片存於 Colab 根目錄的 download3 資料夾。

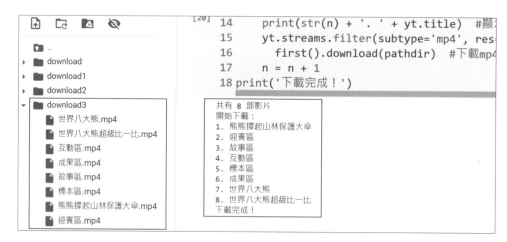

將影片儲存到本機

目前下載的影片儲存於 Colab 伺服器，當關閉或重置 Colab 伺服器後，這些影片就會消失，因此必須將影片下載到本機才能永久儲存。Colab 僅支援單一檔案下載，無法下載整個資料夾，如果影片檔案數量很多，逐一手動下載會耗費大量時間及精力，解決之道是將整個資料夾壓縮成為一個檔案，再下載該壓縮檔即可。

Colab 建立資料夾壓縮檔的語法為：

```
!zip 輸出檔案名稱 要壓縮的檔案或資料夾
```

「要壓縮的檔案或資料夾」有多個時，以空格分隔。

例如將 <download3> 資料夾壓縮為 <movie.zip> 檔案：

```
!zip movie.zip download3/*
```

下載檔案的操作：在檔案名稱按滑鼠右鍵，於快顯功能表點選 **Download** 即可下載
該檔案，下載後解壓縮就可取得所有影片檔。

8.3.3 延伸應用

使用本應用程式來批次下載播放清單的影片非常方便，但每次下載時都要修改播放
清單網址程式，卻是一件麻煩的事；最好能將輸入網址功能以文字框輸入，那就方
便多了！

在本章範例中提供了 <tkbatch_youtube.py>，是以 **Tkinter** 撰寫應用程式介面，此程
式並非在 Colab 使用，而是在本機 Python 環境執行。使用者可在 **YouTube 網址** 欄
位輸入要下載的播放清單網址，**存檔路徑** 欄位輸入下載後檔案存放位置，若未指定
存檔路徑，則下載的影片存於 <download> 資料夾，按 **下載影片** 鈕就開始下載影片。

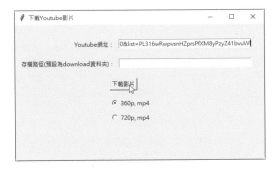

Chapter

09

運動相簿批次爬取

9.1 專題方向

我們常常有上網搜尋並下載圖片的經驗,若只有一、二張那就還好,但如果圖片的數量成千上萬,要一張一張下載就太沒效率了!在這個專題中我們利用網路爬蟲技術,一次下載該網站指定相簿中所有圖片並存檔。

專題檢視

近年來隨著運動風氣的流行與普及,參加馬拉松路跑變成一種潮流。全民跑步的情況只能以瘋狂來形容,不只一般的民眾,許多名人、藝人等前仆後繼的加入,每逢重大的賽事,一窩蜂搶票的場景處處可見,報名秒殺更不在話下。如果在參與了賽事之後,能夠得到自己在賽場上邁力奔馳、揮灑汗水的英姿,然後分享到自己的 FB、IG,是多麼風光的事啊!因為這樣的需求,目前許多運動賽事都會結合專業或業餘的攝影師進行運動攝影,讓參賽者都能在沒有負擔下留下參賽的身影。

許多運動網站更會幫忙整理相關賽事的照片,供參賽人瀏覽下載。許多人都希望能將網頁上的照片下載回自己的電腦,可能找自己的照片,也可能幫忙找朋友的照片,再進行分享。其中 **運動筆記** (http://tw.running.biji.co/) 就是其中相當著名的網站。

▲ 運動筆記網站:http://tw.running.biji.co/

進入網站後，請在 **賽事影像 \ 賽事影音相簿** 中挑選賽事的相簿。這裡以「第 3 屆埔里跑 PuliPower 山城派對馬拉松」為例，在進入「https://running.biji.co/index.php?q=album&act=gallery_album&competition_id=5791」頁面後會發現活動中有多個相簿，以「向善橋 (約 34K)」這個相簿為例，其中有 3,900 張相片，可以依拍攝時間顯示相片。

由於相片數量龐大，網站基於效能的考量，一次只顯示 20 張圖片。瀏覽者必須不斷地將右邊的捲軸向下拖曳，所有的照片才會不斷的載入顯示在頁面中。

專題重點

以下是在專題操作時要關注的焦點：

1. 我們希望能以相簿標題為儲存目錄，將所有下載的圖片儲存在此目錄中。

2. 我們希望能一次下載 1,000 張照片，並且儲存在本機中，因此必須由網站的原始碼分析出圖片的位址，接著是由位址下載圖檔到本機中儲存。

3. 網站中利用非同步載入的技術分批載入圖片，必須解析操作的方式才能下載。

9.2 關鍵技術

想要正確取得網頁中所需的資料，必須先分析網頁的架構或原始碼。較特別的是本專題的網頁使用 Ajax 技術，所以在爬取時必須作 XHR 的剖析。

9.2.1 取得相簿資訊與圖片位址

本範例中有兩個重點：首先是取得相簿的標題，接者是取得相片的圖檔網址。這些資料都在網頁的原始碼中，您可以利用以下二種方式：第一種方式是使用 Google Chrome 網頁開發人員工具，另一種方式是使用網頁原始碼視窗。

使用 Google Chrome 網頁開發人員工具

首先將滑鼠移動到相簿的標題文字上，在「第 3 屆埔里跑 PuliPower 山城派對馬拉松 - 向善橋 (約 34K)」的文字上按右鍵，於功能表按 **檢查 (N)**，開啟網頁開發人員工具 (webdevelopertool) 介面。

預設會停在 **Elements** 的頁籤，可以看到這段文字的 HTML 原始碼是包含在「<h1 class="album-title flex-1">…</h1>」標籤中，按 **Ctrl+F** 鍵打開搜尋視窗，搜尋「album-title flex-1」，可以看到只有 1 筆資料。

使用 BeautifulSoup 物件的 find 方法，就可以字串格式傳回相簿的標題。

```
soup=BeautifulSoup(html.text,'lxml')
title = soup.find('h1',{'class':'album-title flex-1'}).text.strip()
```

同樣方式，在圖片上按右鍵後在功能表按 **檢查 (N)**，可以看到每張圖片檔名是在
「<img class="photo_img photo-img" src="http://cdntwrunning.biji.co/XXXX.jpg"...>」的
src 屬性中，第 1 頁共有 20 張圖片，網頁向下捲動，圖片數量就會增加。

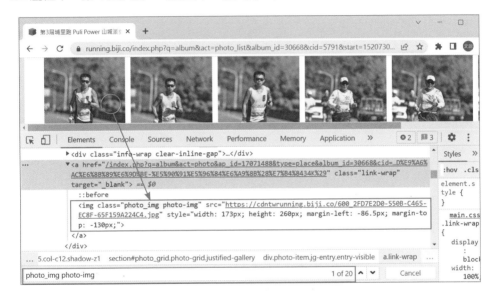

使用網頁原始碼搜尋

另一種方式就是直接檢視網頁的所有原始碼。請在網頁上按滑鼠右鍵，在快顯功能
表中按 **檢視網頁原始碼** 開啟網頁原始碼視窗。

按 **Ctrl+F** 鍵打開搜尋視窗，輸入關鍵字，例如輸入「photo_img photo-img」，發現可以找到 20 筆。可以利用一旁的上下按鈕切換找到的位置。

9.2.2 擷取非同步載入資料

認識 AJAX 非同步載入技術

AJAX(Asynchronous JavaScript and XML) 是使用瀏覽器的 XHR(XML Http Request) 物件，當瀏覽器頁面載入完成後，可以對伺服器發出 HTTP 請求並接收資料，在不重新整理頁面的情況下，更新生成新的頁面內容，這個動作就是非同步載入。

例如當使用 Facebook 瀏覽個人的動態時報時，當頁面捲動到最下方時，網頁在沒有重新整理的狀態下會自動載入內容，提供使用者往下瀏覽。

取得 XHR 載入的資料

若要取得 XHR 載入的資料，可以利用開發人員工具介面加以分析。

在本章的範例中，預設是顯示第一頁的 20 張圖片，如果要繼續下載其他頁面的圖片，就必須了解控制分頁的技術，請依下述步驟操作：

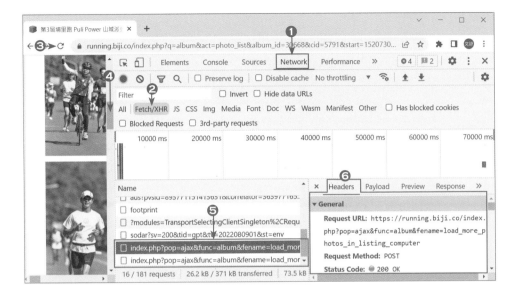

① 開啟 **開發人員工具** 介面並調整其位置，然後按 **Network** 切換到 Network 頁籤。

② 按 **Fetch/XHR** 頁籤觀察 Ajax 動態網頁產生的結果。

③ 再按一次↻重整按鈕。

④ 向下捲動網頁多次，注意右方的視窗中會不斷地產生「index.php?pop=ajax&func=album&fename=load_more_photos_in_listing_computer」，這就是動態載入圖片的連結。

⑤ 點選其中的第一筆加以分析。

⑥ 點選 **Headers** 頁籤並向下捲動，觀察各項參數。

在 **General** 項目中取得 **Request URL** 和 **Request Method** 表示是以 POST 方法向「https://running.biji.co/index.php?pop=ajax&func=album&fename=load_more_photos_in_listing_computer」網址提供請求。

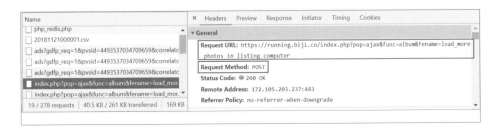

在 **Payload** 頁籤中往下捲動，觀察 **Form Data** 項目，這些參數是 Form 請求時送出的參數。其中較重要的是 type:place 代表目前的頁面是相簿、cid 和 album_id 代表相簿的編號、rows 代表開始從第幾張圖下載，need_rows 代表要下載多少張圖片。

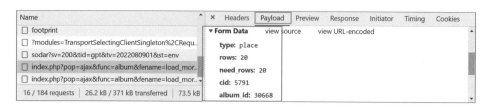

我們建立 payload 字典使用 data 參數作 post 請求，如下：

```
url = 'https://running.biji.co/index.php?pop=ajax&func=album
        &fename=load_more_photos_in_listing_computer'

payload = {'type': 'place', 'rows': '0','need_rows': '20',
           'cid': '5791','album_id': '30668'}
html = requests.post(url, data=payload)
```

如此一來，即能用程式取得 XHR 非同步載入的網頁內容，並且藉由內容分析出所屬圖片的網址進行下載。

設定圖片下載數量

只要好好控制 rows、need_rows 參數，就可以下載指定數量的圖片。例如：例用迴圈從 0 開始下載，每次下載 20 張，共下載了 200 次，即可下載到 20*200=4000 張，因為 rows 參數內容須是字串，因此以 str(i*20) 將整數轉換為字串。

```
for i in range(200):
    payload = {'type': 'place', 'rows': str(i*20), 'need_rows': '20',
               'cid': '5791','album_id': '30668'}
    html = requests.post(url, data=payload)
```

9.3 實戰：運動相簿批次爬取

9.3.1 運動相簿照片基本下載

執行情形

程式執行後會從第 1 張片開始下載，共下載 20 張圖片，左下圖即是 20 張圖片下載完成的畫面，右下圖為圖片從 Colab 伺服器將圖檔壓縮後下載到本機永久儲存完成的畫面。

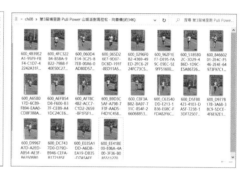

載入相關的模組

```
[2]  1  import requests,os
     2  from bs4 import BeautifulSoup
     3  from urllib.request import urlopen
```

設定相簿網址

```
[ ]  1  # 第3屆埔里跑 Puli Power 山城派對馬拉松　向善橋(約34K)
     2  url = 'http://tw.running.biji.co/index.php?q=album&act=photo_list\
     3  &album_id=30668&cid=5791&type=album\
     4  &subtitle=第3屆埔里跑 Puli Power 山城派對馬拉松-向善橋(約34K)'
```

程式說明

- 2-4 「第 3 屆埔里跑 PuliPower 山城派對馬拉松向善橋（約 34K）」相簿的網址，這是預設下載的相簿。

取得相簿名稱

```
[4]  1  html = requests.get(url)
     2  soup=BeautifulSoup(html.text,'html.parser')
     3  title = soup.find('h1',{'class':'album-title flex-1'}).text.strip()
```

程式說明

- 2-3　title=soup.find('h1',{'class':'album-title flex-1'}).text.strip()。以 find 方法找到 <h1> 標籤中類別名稱為 album-title flex-1 的字串資料，取得其內容後濾除前後空白字元後指派給 title 變數，這就是相簿的名稱。

以 data 參數提出 post 請求

```
[5]  1  url = 'https://running.biji.co/index.php?pop=ajax\
     2  &func=album&fename=load_more_photos_in_listing_computer'
     3
     4  payload = {'type': 'place', 'rows': '0','need_rows': '20',
     5             'cid': '5791','album_id': '30668'}
     6  html = requests.post(url, data=payload)
     7  # 在回應頁面中找出所有照片連結
     8  soup = BeautifulSoup(html.text, 'html.parser')
```

程式說明

- 4　'rows': '0' 設定從第幾 1 張圖下載，'need_rows': '20' 設定要下載 20 張圖片。

以標題建立目錄儲存圖片

```
[ ]  1  images_dir=title + "/"
     2  if not os.path.exists(images_dir):
     3      os.mkdir(images_dir)
```

下載圖片

```
[ ]   1   # 處理所有 <img> 標籤
      2   photos = soup.select('.photo_img')
      3   n=0 # 記錄下載圖片數量
      4   for photo in photos:
      5       # 讀取 src 屬性內容
      6       src=photo['src']
      7       # 讀取 .jpg 檔
      8       if src != None and ('.jpg' in src):
      9           # 設定圖檔完整路徑
     10           full_path = src
     11           filename = full_path.split('/')[-1]  # 取得圖檔名
     12           print(full_path)
     13           # 儲存圖片
     14           try:
     15               image = urlopen(full_path)
     16               with open(os.path.join(images_dir,filename),'wb') as f:
     17                   f.write(image.read())
     18               n+=1
     19           except:
     20               print("{} 無法讀取!".format(filename))
     21
     22   print("共下載",n,"張圖片")
```

程式說明

- **2** 「photos=soup.select('.photo_img')」以 select 方法取得所有類別名稱為「photo_img」的資料，photos 會傳回一個串列。

- **3** 計算共下載多少張圖片，預設從 0 開始。

- **4-20** 逐一處理 photos 串列。

- **6** 取得 src 屬性內容。

- **8** 判斷是不是 .jpg 檔。

- **10** full_path 為圖檔的完整路徑名稱，例如：第一筆資料內容為「http://cdntwrunning.biji.co/600_EE41BE00-E06A-4A00-3F36-B08551127095.jpg」。

- **11** filename=full_path.split('/')[-1] 將完整路徑以「/」字元切割為串列，再取串列中最右邊的字串，因此會得到圖片的檔名「600_EE41BE00-E06A-4A00-3F36-B08551127095.jpg」。

- **14-20** 以 urlopen 讀取圖檔，open 建立圖檔儲存的路徑和名稱，再以 write 儲存圖檔。圖檔可能因為沒有權限無法讀取，故以 try~except 補捉錯誤，避免程式產生中斷。

- **22** 顯示共下載多少張圖片。

基本下載完整程式碼

```
1   import requests,os
2   from bs4 import BeautifulSoup
3   from urllib.request import urlopen
4
5   # 第 3 屆埔里跑 Puli Power 山城派對馬拉松　向善橋 ( 約 34K)
6   url = 'http://tw.running.biji.co/index.php?q=album&act=photo_list\
7   &album_id=30668&cid=5791&type=album\
8   &subtitle= 第 3 屆埔里跑 Puli Power 山城派對馬拉松 - 向善橋 ( 約 34K)'
9
10  html = requests.get(url)
11  soup=BeautifulSoup(html.text,'html.parser')
12  title = soup.find('h1',{'class':'album-title flex-1'}).text.strip()
13
14  url = 'https://running.biji.co/index.php?pop=ajax\
15  &func=album&fename=load_more_photos_in_listing_computer'
16
17  payload = {'type': 'place', 'rows': '0','need_rows': '20',
18             'cid': '5791','album_id': '30668'}
19  html = requests.post(url, data=payload)
20  # 在回應頁面中找出所有照片連結
21  soup = BeautifulSoup(html.text, 'html.parser')
22
23  # 以標題建立目錄儲存圖片
24  images_dir=title + "/"
25  if not os.path.exists(images_dir):
26      os.mkdir(images_dir)
27
28  # 處理所有 <img> 標籤
29  photos = soup.select('.photo_img')
30  n=0 # 記錄下載圖片數量
31  for photo in photos:
32      # 讀取 src 屬性內容
33      src=photo['src']
34      # 讀取 .jpg 檔
35      if src != None and ('.jpg' in src):
36          # 設定圖檔完整路徑
37          full_path = src
38          filename = full_path.split('/')[-1]  # 取得圖檔名
39          print(full_path)
40          # 儲存圖片
```

```
41          try:
42              image = urlopen(full_path)
43              with open(os.path.join(images_dir,filename),'wb') as f:
44                  f.write(image.read())
45              n+=1
46          except:
47              print("{} 無法讀取 !".format(filename))
48
49  print(" 共下載 ",n," 張圖片 ")
```

程式說明

■ 6-8　　設定下載相簿的網址。

■ 10-12　取得相簿的名稱。

■ 17-19　以 data 參數提出 post 請求，並傳回下載的圖片。

■ 24　　以相簿 title 建立目錄，儲存圖片。

■ 25-26　檢查該目錄是否已經建立，若尚未建立則建立該目錄。

■ 29　　以 select 方法取得所有類別名稱為「photo_img」的資料，並傳回一個串列。

■ 30　　計算共下載多少張圖片。

■ 31-47　逐一處理 photos 串列。

■ 37　　以 full_path 取得圖檔的完整路徑名稱。

■ 38　　以 filename 取得圖片的檔名。

■ 41-48　以 urlopen 讀取圖檔、open 建立圖檔儲存的路徑和名稱，再以 write 儲存圖檔。

9.3.2 運動相簿照片批次下載

設定下載的次數

我們最終的目標是要下載相簿中所有的圖片，這個相簿全部有 3,900 張，因此必須利用 rows、need_rows 參數，搭配下載的次數來控剛。

下載的圖片數量是「下載的次數 *need_rows」。例如：下面迴圈 i 從 0~200 依序下載，每次下載 20 張，共下載 200 次，所以是 20*200=4000 張。當下載的圖片數量大於實際數量，就使用 try~except 補捉意外，避免程式終止。

```
for i in range(200):
    payload = {'type': 'place', 'rows': str(i*20), 'need_rows': '20',
               'cid': '5791','album_id': '30668'}
    html = requests.post(url, data=payload)
```

設定最多下載 1,000 張圖片

可以利用變數 n 計算實際下載圖片的數量，並控制實際要下載的數量。n 從 0 開始累計，先在內部 for 迴圈中設定 n>=1000 時以 break 離開內部 for 迴圈，同時也在外部 for 迴圈設定 n>=1000 時以 break 離開外部 for 迴圈結束下載。

```
n=0
for i in range(200):
    for photo in photos:
        ...
        # 讀取 .jpg 檔
        if src != None and ('.jpg' in src):
            try:
                ...
                n+=1
                if n>=1000: # 最多下載 1000 張
                    break   # 離開內部 for 迴圈
            except:
                print("{} 無法讀取 !".format(filename))
    if n>=1000: # 最多下載 1000 張
        break   離開外部 for 迴圈
print(" 共下載 ",n," 張圖片 ")
```

批次下載關鍵程式碼

```
…（略）
12  title = soup.find('h1',{'class':'album-title flex-1'}).text.strip() + "_全部相片"
13
14  url = 'https://running.biji.co/index.php?pop=ajax\
15  &func=album&fename=load_more_photos_in_listing_computer'
…（略）
25  n=0 # 記錄下載圖片數量
26  for i in range(200):
27      payload = {'type': 'place', 'rows': str(i*20), 'need_rows': '20',
28                 'cid': '5791','album_id': '30668'}
29      html = requests.post(url, data=payload)
30      soup = BeautifulSoup(html.text, 'html.parser')
31      # 處理所有 <img> 標籤
32      photos = soup.select('.photo_img')
33      for photo in photos:
34          # 讀取 src 屬性內容
35          src=photo['src']
36          # 讀取 .jpg 檔
37          if src != None and ('.jpg' in src):
38              # 設定圖檔完整路徑
39              full_path = src
40              filename = full_path.split('/')[-1]   # 取得圖檔名
41              # 儲存圖片
42              try:
43                  image = urlopen(full_path)
44                  with open(os.path.join(images_dir,filename),'wb') as f:
45                      f.write(image.read())
46                  n+=1
47                  if n % 50 ==0:
48                      print("n=",n)
49                  if n>=1000: # 最多下載 1000 張
50                      break   # 離開內部 for 迴圈
51              except:
52                  print("{} 無法讀取 !".format(filename))
53      if n>=1000: # 最多下載 1000 張
54          break   # 離開外部 for 迴圈
55
56  print(" 共下載 ",n," 張圖片 ")
```

9.4 非同步模組 - concurrent.futures

Python 執行任務時,通常是採用同步處理的方式,即處理完成一個任務後才會去處理第二個任務。此外,Python 也提供一個相當簡單易用的 concurrent.futures 模組,可以平行任務處理 (非同步) 的方式,同時執行多個任務。

ThreadPoolExecutor

concurrent.futures 提供 ThreadPoolExecutor 方法,透過 Thread (執行緒) 的方式建立多個 Executors,用以同時執行多個任務 (tasks)。

使用 concurrent.futures 首先必須匯入 concurrent.futures 模組:

```
from concurrent.futures import ThreadPoolExecutor
```

以 ThreadPoolExecutor 建立多個 Thread 的執行器,其語法如下:

```
with ThreadPoolExecutor(max_workers=Thread 的數量 ) as 執行器:
    返回值 = 執行器.map(function, argument)
```

以 with ThreadPoolExecutor 建立的執行器,完成之後會自動關閉執行器。map() 方法執行指定的函式 (funtion) 並取得 Thread 的執行結果。參數如下:

■ max_workers:Thread 的數量,數量愈多,運行速度愈快,預設的 max_workers 數量為 CPU 數量 * 5。

■ 執行器:執行多個 Thread 的物件。

■ function:執行的函式。

■ argument:傳遞的參數,一般是使用串列或元組。

例如:以 ThreadPoolExecutor 建立 5 個 Threads 的 executor,以非同步方式執行 show 函式,show 函式會接收 fruits 串列的每一個串列元素。

```
[6]  1  from concurrent.futures import ThreadPoolExecutor
     2
     3  def show(fruit):
     4      print(fruit)
     5
     6  fruits = ('西瓜', '百香果', '香蕉', '橘子', '蘋果')
     7  with ThreadPoolExecutor(max_workers=5) as executor:
     8      results = executor.map(show, fruits)
```

執行結果：

```
西瓜
百香果
香蕉
橘子
蘋果
```

9.4.1 運動相簿照片非同步下載

設定非同步下載關鍵程式碼

了解非同步操作後，我們以非同步的方式透過 100 個執行緒同時下載圖片，其中參數 rows 是 [0,1,…,49] 的串列，執行後 scraper(row) 函式中的參數 row 會接收 rows 串列的元素，再以 row*20 計算從哪一張圖片開始下載。

```python
def scraper(row):
    global n
    payload = {'type': 'place', 'rows': str(row*20), 'need_rows': '20',
               'cid': '5791','album_id': '30668'}
    html = requests.post(url, data=payload)

# 同時建立及啟用 100 個執行緒
rows=list(range(0, 50))
with concurrent.futures.ThreadPoolExecutor(max_workers=100) as executor:
    executor.map(scraper,rows)
```

執行情形

```
n= 50      n= 450     n= 850
n= 100     n= 500     n= 900
n= 150     n= 550     n= 950
n= 200     n= 600     n= 1000
n= 250     n= 650     共下載 1000 張圖片
n= 300     n= 700     使用時間：6.617164134979248 秒
n= 350     n= 750
n= 400     n= 800
```

完整非同步下載程式碼

```
1   import requests,os
2   from bs4 import BeautifulSoup
3   from urllib.request import urlopen
4   import concurrent.futures
5   import time
6
7   def scraper(row):
8       global n
9       payload = {'type': 'place', 'rows': str(row*20), 'need_rows': '20',
10              'cid': '5791','album_id': '30668'}
11      html = requests.post(url, data=payload)
12      # 在回應頁面中找出所有照片連結
13      soup = BeautifulSoup(html.text, 'html.parser')
14
15      # 處理所有 <img> 標籤
16      photos = soup.select('.photo_img')
17      for photo in photos:
18          # 讀取 src 屬性內容
19          src=photo['src']
20          # 讀取 .jpg 檔
21          if src != None and ('.jpg' in src):
22              # 設定圖檔完整路徑
23              full_path = src
24              filename = full_path.split('/')[-1]   # 取得圖檔名
25              # print(full_path)
26              # 儲存圖片
27              try:
28                  image = urlopen(full_path)
29                  with open(os.path.join(images_dir,filename),'wb') as f:
30                      f.write(image.read())
31                  n+=1
32                  if n % 50 ==0:
33                      print("n=",n)
34              except:
35                  print("{} 無法讀取 !".format(filename))
36
37  start_time = time.time()  # 開始時間
38  url = 'http://tw.running.biji.co/index.php?q=album&act=photo_list\
39  &album_id=30668&cid=5791&type=album\
```

```
40   &subtitle= 第 3 屆埔里跑 Puli Power 山城派對馬拉松 - 向善橋 ( 約 34K)'
41   html = requests.get(url)
42
43   soup=BeautifulSoup(html.text,'html.parser')
44   title = soup.find('h1',{'class':'album-title flex-1'}).text.strip()
              + "_ 全部相片 ( 多執行緒 )"
45   # 以標題建立目錄儲存圖片
46   images_dir=title + "/"
47   if not os.path.exists(images_dir):
48       os.mkdir(images_dir)
49
50   n=0 # 記錄下載圖片數量
51   # 第 3 屆埔里跑 Puli Power 山城派對馬拉松  向善橋 ( 約 34K)
52   url = 'https://running.biji.co/index.php?pop=ajax\
53   &func=album&fename=load_more_photos_in_listing_computer'
54
55   # 同時建立及啟用 100 個執行緒
56   rows=list(range(0, 50))
57   with concurrent.futures.ThreadPoolExecutor(max_workers=100) as executor:
58       executor.map(scraper,rows)
59
60   print(" 共下載 ",n," 張圖片 ")
61
62   end_time = time.time() # 結束時間
63   print(f" 使用時間 : {end_time - start_time} 秒 ")
```

將圖檔儲存到本機

目前下載的圖片檔儲存於 Colab 伺服器，當關閉或重置 Colab 伺服器後，這些圖片
檔就會消失，因此必須將圖片檔以整個資料夾壓縮成為一個檔案，再下載該壓縮檔
到本機儲存。

例如將 < 第 3 屆埔里跑 Puli Power 山城派對馬拉松 - 向善橋 (約 34K)_ 全部相片 >
資料夾壓縮為 <images.zip> 檔案：

```
!zip images ' 第 3 屆埔里跑 Puli Power 山城派對馬拉松 - 向善橋 ( 約 34K)_ 全部相片 '/*
```

下載檔案的操作：在檔案名稱按滑鼠右鍵，於快顯功能表點選 **Download** 即可下載
該檔案，下載後解壓縮就可取得所有圖片檔。

9.4.2 延伸應用

一般的網站都有固定的使用模式,以本章範例為例,如果想要下載不同的運動相簿內容,只要變更相簿的編號,再設定起始的照片編號與下載的數量,就能完成不同的相簿下載。建議您可以再深入這個專題,利用詢問模式讓使用者填入相簿的編號及下載的數量,程式即可以根據這些資料自動化的進行下載動作,讓整個程式應用更加方便。

非同步載入的機制是目前互動網站的很重要的一個技術,只要熟悉 XHR 物件的運作模式,即可很快取得網站上載入的資料,在這個範例中是圖片的連結網址,但在許多網站上可以擷取到許多不同格式的資料內容,例如 JSON,即可直接儲存或是應用,對於網路爬蟲來說是十分重要的技巧。

台灣股票市場分析統計圖

10.1 專題方向

股票是現在最重要的投資項目之一，台灣有高達千萬的股票投資者，如何取得正確的股票資訊，對百萬股民來說，是件攸關荷包的大事。

專題檢視

在 **台灣證券交易所** (https://www.twse.com.tw/zh/) 提供了台灣股市各家歷史與即時股票資料，對於台灣股票投資者來說是十分重要的網站。

▲ 台灣證券交易所網站：https://www.twse.com.tw/zh/

本專題分析台灣證券交易所日成交資料網頁後，擷取整個月個股每日各項資料。然後以單月資料繪製個股統計圖。

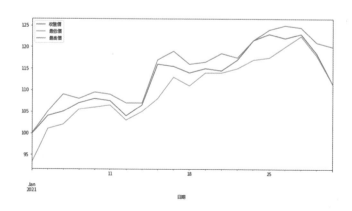

有了單月個股資料，可以使用迴圈集合全年 12 個月資料來繪製全年統計圖。

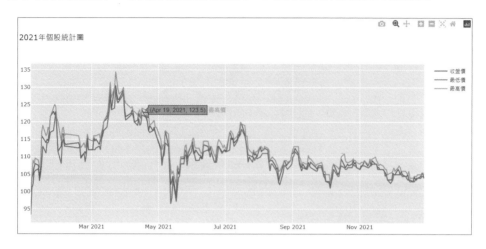

專題重點

1. 為了不必每次執行都到台灣證券交易所讀取資料，程式第一次執行會將資料存於 CSV 檔，第二次以後執行程式就由 CSV 檔讀取資料，不但節省網路流量，也加快執行速度。

2. 本專題取得的資料是網頁的表格資料，以 Pandas 的 read_html 方法可以輕易且方便讀取網頁中表格資料。

3. 繪製統計圖的方式很多，但是繪製全年統計圖形時，由於資料數量較多，無法詳細觀察數據，因此本專題也使用 plotly 模組繪製互動統計圖，不但可以動態顯示單日股價資料，若是對某範圍資料感興趣，可以選取該範圍放大顯示。

10.2 關鍵技術

本專題開啟台灣證券交易所日成交資料網頁,以 Pandas 的 read_html 方法擷取每日收盤價、最高價、最低價等資料。

10.2.1 取得單月股票資料

台灣證券交易所網頁的日成交資訊是以表格方式呈現,Pandas 的 read_html 方法可讀取網頁中表格資料,非常適合讀取日成交股票資訊。

在 Chrome 瀏覽器開啟「http://www.twse.com.tw」台灣證券交易所網頁,點選 **交易資訊 / 盤後資訊 / 個股日成交資訊**。

在網頁中 **資料日期** 欄選擇「110 年 01 月」,**股票代碼** 欄輸入「2317」(鴻海),最後按 **查詢** 鈕。

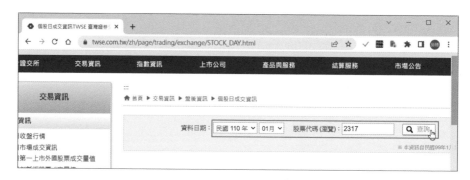

網頁顯示 110 年 1 月的日期、成交股數、成交金額、……等資訊，點選 **列印 / HTML** 可顯示股票表格資訊。

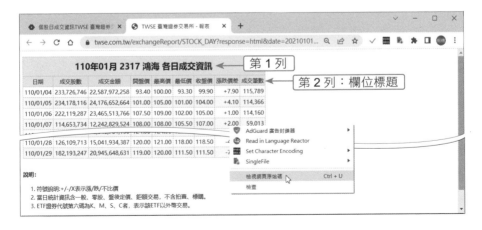

網址列為「https://www.twse.com.tw/exchangeReport/STOCK_DAY?response=html&date=20210101&stockNo=2317」，此為取得單月股票資料網址。注意表格第 1 列為標題文字資訊，第 2 列才是欄位名稱，後面讀取表格資料時要以第 2 列做為資料欄位名稱。

Pandas 的 read_html 方法會讀取網頁中所有表格，我們需確認股票資料是第幾個表格才能得到正確資料。在網頁任意位置按滑鼠右鍵，於快顯功能表點選 **檢視網頁原始碼**。

在原始檔頁面按 **Ctrl + F** 鍵開啟搜尋框,輸入「<table」搜尋所有表格,結果顯示「1/1」表示只有 1 個表格,所以股票資料是第 1 個表格資料。

下面程式會讀取 2021 年 1 月的鴻海股票日成交資料。

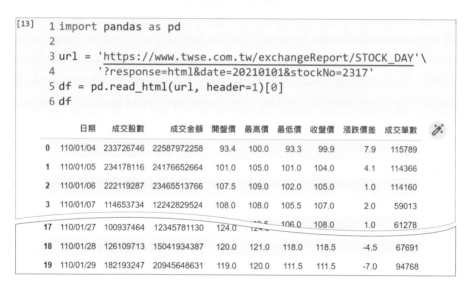

```
[13]  1 import pandas as pd
      2
      3 url = 'https://www.twse.com.tw/exchangeReport/STOCK_DAY'\
      4       '?response=html&date=20210101&stockNo=2317'
      5 df = pd.read_html(url, header=1)[0]
      6 df
```

	日期	成交股數	成交金額	開盤價	最高價	最低價	收盤價	漲跌價差	成交筆數
0	110/01/04	233726746	22587972258	93.4	100.0	93.3	99.9	7.9	115789
1	110/01/05	234178116	24176652664	101.0	105.0	101.0	104.0	4.1	114366
2	110/01/06	222119287	23465513766	107.5	109.0	102.0	105.0	1.0	114160
3	110/01/07	114653734	12242829524	108.0	108.0	105.5	107.0	2.0	59013
17	110/01/27	100937464	12345781130	124.0	124.0	106.0	108.0	1.0	61278
18	110/01/28	126109713	15041934387	120.0	121.0	118.0	118.5	-4.5	67691
19	110/01/29	182193247	20945648631	119.0	120.0	111.5	111.5	-7.0	94768

第 5 列程式中,「header=1」表示以第 2 列資料做為欄位名稱,「[0]」表示取得第 1 個表格資料。

10.2.2 自訂日期格式轉換函式:**convertDate**

本專題繪製圖形的 X 座標為日期,由 read_html 取得的日期是以民國為年份的字串,如「110/01/04」,必須以 Pandas 模組的 to_datetime 方法轉換為日期格式,才能在圖形中顯示。傳入 to_datetime 方法的參數資料型態為字串,格式為「西元年月份日數」,如「20210104」。

convertDate 函式的功能是將以民國為年份的日期字串轉換成以西元為年份的日期字串，例如將「110/01/04」轉換為「20210104」。

```
[1]  1 def convertDate(date):   #轉換民國日期為西元
     2     str1 = str(date)
     3     yearstr = str1[:3]   #取出民國年
     4     realyear = str(int(yearstr) + 1911)   #轉為西元年
     5     realdate = realyear + str1[4:6] + str1[7:9]   #組合日期
     6     return realdate
     7
     8 print(convertDate('110/05/02'))
     20210502
```

程式說明

- 3　　　　　取得日期字串前 3 個字元，例如「110/01/04」中的「110」。
- 4　　　　　將民國年加上 1911 成為西元年，即「2021」。
- 5　　　　　「str1[4:6]」取得原日期字串的第 5 及第 6 個字元，即「110/01/04」的「01」；「str1[7:9]」取得原日期字串的第 8 及第 9 個字元，即「110/01/04」的「04」。最後將西元年、月份、日數組合成完整西元年日期：「20210104」。
- 8　　　　　列印將「110/05/02」轉換為西元日期的結果。

10.2.3 全年個股單月網址及結合月份資料

一個月的期限太短了，股友常需觀察一整年的股票統計圖！

台灣證券交易所僅提供單月的日成交資料，並沒有年度日成交資料，全年個股資料必須自行製作。

全年個股單月網址

觀察之前 110 年 1 月 JSON 資料的網址為：「https://www.twse.com.tw/exchangeReport/STOCK_DAY?response=html&**date=20210101**&stockNo=2317」，其中 date 參數：「date=20210101」指的應是民國 110 年 1 月。以此推論，那 110 年 2 月應是「date=20210201」，網址其餘部分不變，就可得到 110 年 2 月的股票資料：

Python 大數據特訓班 - 關鍵技術

110 年 2 月資料

依此類推，110 年 xx 月應是「date=2021xx01」，網址其餘部分不變。因此可使用迴圈逐一取得一月到十二月網址，即可讀取一月到十二月的股票資料，然後組合為全年股票資料。

下面程式碼可取得 2021 年全年個股資料的網址：

```
[1]    1 def twodigit(n):    #將數值轉為二位數字串
       2     if(n < 10):
       3         retstr = '0' + str(n)
       4     else:
       5         retstr = str(n)
       6     return retstr
       7
       8 urlbase = 'http://www.twse.com.tw/exchangeReport/STOCK_DAY?'\
       9   'response=html&date=2021'    #網址前半
      10 urltail = '01&stockNo=2317&_=1521363562193'    #網址後半
      11 for i in range(1, 13):    #取1到12數字
      12     url_twse = urlbase + twodigit(i) + urltail    #組合網址
      13     print(url_twse)
```

程式說明

- 1-6　　twodigit 函式的功能是將個位數字前面加「0」成為二位數字串。
- 2-3　　若為個位數字就在數字前面加「0」，例如「5」轉換為「05」。
- 4-5　　若不是個位數字就保持原來數字。
- 8-9　　取得單月資料的網址，除了月份外，其餘部分都不變，因此以月份將網址拆開成兩部分，urlbase 變數儲存網址頭。
- 10　　urltail 變數儲存網址尾。
- 11　　迴圈由 1 到 12 逐一讀取單月資料。

■ 12　　　　以 urlbase、月份、urltail 組合成各月份的完整網址。

■ 13　　　　列印網址。

執行結果：

```
http://www.twse.com.tw/exchangeReport/STOCK_DAY?response=html&date=20210101&stockNo=2317&_=1521363562193
http://www.twse.com.tw/exchangeReport/STOCK_DAY?response=html&date=20210201&stockNo=2317&_=1521363562193
http://www.twse.com.tw/exchangeReport/STOCK_DAY?response=html&date=20210301&stockNo=2317&_=1521363562193
http://www.twse.com.tw/exchangeReport/STOCK_DAY?response=html&date=20210401&stockNo=2317&_=1521363562193
http://www.twse.com.tw/exchangeReport/STOCK_DAY?response=html&date=20210501&stockNo=2317&_=1521363562193
http://www.twse.com.tw/exchangeReport/STOCK_DAY?response=html&date=20210601&stockNo=2317&_=1521363562193
http://www.twse.com.tw/exchangeReport/STOCK_DAY?response=html&date=20210701&stockNo=2317&_=1521363562193
http://www.twse.com.tw/exchangeReport/STOCK_DAY?response=html&date=20210801&stockNo=2317&_=1521363562193
http://www.twse.com.tw/exchangeReport/STOCK_DAY?response=html&date=20210901&stockNo=2317&_=1521363562193
http://www.twse.com.tw/exchangeReport/STOCK_DAY?response=html&date=20211001&stockNo=2317&_=1521363562193
http://www.twse.com.tw/exchangeReport/STOCK_DAY?response=html&date=20211101&stockNo=2317&_=1521363562193
http://www.twse.com.tw/exchangeReport/STOCK_DAY?response=html&date=20211201&stockNo=2317&_=1521363562193
```

結合月份資料

取得各單月個股資料後，將一年中所有單月個股資料結合，就是全年個股資料了！

下面程式示範結合 1 月及 2 月的單月個股資料：

```
[4]   1 import pandas as pd
      2
      3 url01 = 'https://www.twse.com.tw/exchangeReport/STOCK_DAY' \
      4         '?response=html&date=20210101&stockNo=2317'
      5 url02 = 'https://www.twse.com.tw/exchangeReport/STOCK_DAY' \
      6         '?response=html&date=20210201&stockNo=2317'
      7 df1 = pd.read_html(url01, header=1)[0]
      8 df2 = pd.read_html(url02, header=1)[0]
      9 df = pd.concat([df1, df2], ignore_index=True)
     10 df
```

程式說明

■ 3-4　　　1 月個股資料網址。

■ 5-6　　　2 月個股資料網址。

■ 7　　　　取得 1 月個股資料。

■ 8　　　　取得 2 月個股資料。

■ 9　　　　結合 1 月、2 月個股資料。「ignore_index=True」表示結合時忽略索引編號。

執行結果：

	日期	成交股數	成交金額	開盤價	最高價	最低價	收盤價	漲跌價差	成交筆數
0	110/01/04	233726746	22587972258	93.4	100.0	93.3	99.9	7.9	115789
1	110/01/05	234178116	24176652664	101.0	105.0	101.0	104.0	4.1	114366
2	110/01/06	22211 1 月份資料		107.5	109.0	102.0	105.0	1.0	114160
3	110/01/07	114653734	12242829524	108.0	108.0	105.5	107.0	2.0	59013
4	110/01/08	115547259	12431474200	109.0	109.5	106.0	108.0	1.0	61278
					109.0	106.5	107.5	-0.5	39544
28	110/02/22	60772150	6816444876	111.5					
29	110/02/23	51483656	5690394165	109.5	112.5	108.5	111.5	0.5	26413
30	110/02/24	5939 2 月份資料		112.0	114.0	110.5	110.5	-1.0	29603
31	110/02/25	113086563	13028463836	115.0	116.5	114.0	116.5	6.0	53677
32	110/02/26	122126804	13787932415	114.5	115.0	112.0	112.0	-4.5	55063

10.3 實戰：個股單月與年度統計圖

股票市場強調公開、透明，幾乎所有股票資訊皆可在台灣證券交易所取得。本專題擷取台灣證券交易所日成交資料，先以單月繪製模組統計圖，再集合全年 12 個月資料繪製全年統計圖。

10.3.1 單月個股統計圖

為了不必每次執行都到台灣證券交易所讀取資料，程式第一次執行會將資料存於 CSV 檔，第二次以後執行程式就由 CSV 檔讀取資料，不但節省網路流量，也加快執行速度。本範例以收盤價、最高價及最低價繪製線形圖，使用者可由三者推估股價走勢及當日股價震盪情形。

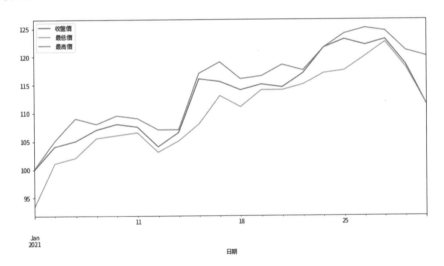

首先下載台北黑體字型檔，如此繪圖時能正確顯示中文：

```
!wget -O TaipeiSansTCBeta-Regular.ttf https://drive.google.com/uc?
  id=1eGAsTN1HBpJAkeVM57_C7ccp7hbgSz3_&export=download
```

下面程式可繪製單月鴻海股票統計圖：

```
1 def convertDate(date):    #轉換民國日期為西元
2     str1 = str(date)
3     yearstr = str1[:3]    #取出民國年
4     realyear = str(int(yearstr) + 1911)    #轉為西元年
5     realdate = realyear + str1[4:6] + str1[7:9]    #組合日期
```

```
 6      return realdate
 7
 8 import requests
 9 import csv
10 import pandas as pd
11 import os
12 import matplotlib.pyplot as plt
13 import matplotlib
14 from matplotlib.font_manager import fontManager
15
16 fontManager.addfont('TaipeiSansTCBeta-Regular.ttf') #設定中文字型
17 matplotlib.rc('font', family='Taipei Sans TC Beta')
18 filepath = 'stockmonth01.csv'
19 if not os.path.isfile(filepath):   #如果檔案不存在就建立檔案
20   url = 'https://www.twse.com.tw/exchangeReport/STOCK_DAY
         ?response=html&date=20210101&stockNo=2317'
21   df = pd.read_html(url, header=1)[0]
22   df.to_csv(filepath, encoding='utf-8', index=False)
23
24 pdstock = pd.read_csv(filepath, encoding='utf-8')   # 以 pandas 讀取檔案
25 for i in range(len(pdstock['日期'])):  #轉換日期式為西元年格
26     pdstock['日期'][i] = convertDate(pdstock['日期'][i])
27 pdstock['日期'] = pd.to_datetime(pdstock['日期'])  #轉換日期欄位為日期格式
28 pdstock.plot(kind='line', figsize=(12, 6), x='日期',
     y=['收盤價', '最低價', '最高價'])  #繪製統計圖
```

程式說明

■ 1-6	加入將以民國為年份的日期字串轉換成以西元為年份的日期字串之自訂函式。
■ 8-14	匯入模組。
■ 16-17	設定繪圖的中文字型。
■ 18	設定 CSV 檔案名稱為「stockmonth01.csv」。
■ 19-22	檢查 CSV 檔案是否存在，如果不存在就建立 CSV 檔案。
■ 19	檢查 CSV 檔案是否存在，若不存在才執行 20-22 列程式。
■ 20	設定 1 月份股票資料網址。
■ 21	讀取 1 月份股票資料。
■ 22	將 1 月份股票資料以 CSV 格式寫入檔案。
■ 24	使用 Pandas 的 read_csv 方法由 CSV 檔讀取資料。

- ■ 25-26　轉換日期為西元年格式。
- ■ 27　以 Pandas 的 `to_datetime` 方法將日期資料型態由字串轉換為日期格式。
- ■ 28　繪出圖形：「kind='line'」為線形圖，「figsize=(12,6)」設定圖形長度及寬度，「x='日期'」設定以日期欄位做為橫軸，「y=['收盤價','最低價','最高價']」表示同時繪出收盤價、最低價、最高價三條線形圖。

10.3.2　全年個股統計圖

有了單月個股資料，可以使用迴圈結合全年十二個月個股資料，就能繪製全年個股統計圖了！

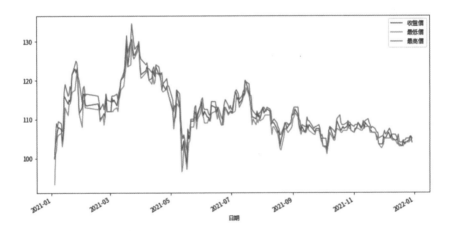

繪製全年鴻海股票統計圖的程式為：(粗體部分為與「單月股票統計圖」程式碼不同的地方)

```
1 def twodigit(n):    # 將數值轉為二位數字串
2     if(n < 10):
3         retstr = '0' + str(n)
4     else:
5         retstr = str(n)
6     return retstr
7
8 def convertDate(date):    # 轉換民國日期為西元
9     str1 = str(date)
```

```
10      yearstr = str1[:3]  #取出民國年
11      realyear = str(int(yearstr) + 1911)  #轉為西元年
12      realdate = realyear + str1[4:6] + str1[7:9]  #組合日期
13      return realdate
14
15 import requests
16 import csv
17 import pandas as pd
18 import os
19 import time
20 import matplotlib.pyplot as plt
21 import matplotlib
22 from matplotlib.font_manager import fontManager
23
24 fontManager.addfont('TaipeiSansTCBeta-Regular.ttf') #設定中文字型
25 matplotlib.rc('font', family='Taipei Sans TC Beta')
26 urlbase = 'https://www.twse.com.tw/exchangeReport/STOCK_DAY
       ?response=html&date=2021'  #網址前半
27 urltail = '01&stockNo=2317'  #網址後半
28 filepath = 'stockyear2021.csv'
29
30 dfall = pd.DataFrame() # 新增空的 DataFrame
31 if not os.path.isfile(filepath):  #如果檔案不存在就建立檔案
32     for i in range(1, 13):  #取 1 到 12 數字
33         url_twse = urlbase + twodigit(i) + urltail  #組合網址
34         dftemp = pd.read_html(url_twse, header=1)[0]
35         dfall = pd.concat([dfall, dftemp], ignore_index=True)
36         time.sleep(2)
37     dfall.to_csv(filepath, encoding='utf-8', index=False)
38
39 pdstock = pd.read_csv(filepath, encoding='utf-8')  # 以 pandas 讀取檔案
40 for i in range(len(pdstock['日期'])):  #轉換日期式為西元年格式
41     pdstock['日期'][i] = convertDate(pdstock['日期'][i])
42 pdstock['日期'] = pd.to_datetime(pdstock['日期'])  #轉換日期欄位為日期格式
43 pdstock.plot(kind='line', figsize=(12, 6), x='日期',
       y=['收盤價', '最低價', '最高價'])  #繪製統計圖
```

程式說明

■ 1-6　　　twodigit 函式，功能是將個位數字前面加「0」成為二位數字串，例如「5」轉換為「05」。因為網址 date 參數的月份資料必須是兩位數，所以月份數值先以 twodigit 函式轉換為兩位數字串，再置入 date 參數中。

- ■ 2-3 　　判斷數字小於 10 就在數字前方加「0」。
- ■ 4-5 　　數字大於等於 10 就保留原數字不變。
- ■ 26-27 　取得單月資料的網址，除了月份外，其餘部分都不變：這兩列程式以月份將網址拆開成兩部分 urlbase（網址頭）及 urltail（網址尾），再於第 33 列以 urlbase、月份、urltail 組合成各月份完整網址。
- ■ 30 　　建立空的 DataFrame 來儲存全年資料。
- ■ 32 　　以「for i in range(1,13):」迴圈由 1 到 12 逐一讀取單月股票資料。
- ■ 33 　　組合成各月份的完整網址。
- ■ 34 　　讀取單月股票資料。
- ■ 35 　　結合單月股票資料。
- ■ 36 　　每次讀取資料後延遲 2 秒再讀下一月份資料，避免讀取資料太快被證交所認為是爬蟲而不允許繼續下載資料。

10.3.3 以 plotly 繪製全年個股統計圖

由於資料數量較為龐大，使得全年個股統計圖形不易觀察每一日的股價。若是以 plotly 模組繪製統計圖，不但可用文字方式動態顯示日期及股價，也可以局部放大需要詳細觀察的區塊。

Colab 預設已安裝 plotly 模組，不需安裝即可直接使用。

使用 plotly 模組必須先匯入模組程式庫，語法為：

```
import plotly.graph_objects as go
```

要以 plotly 模組繪圖，首先要以 Figure 方法建立繪圖區，語法為：

```
繪圖變數 = go.Figure()
```

例如繪圖變數 f：

```
f = go.Figure()
```

plotly 建立線形圖的語法為：

```
繪圖變數.add_trace(go.Scatter(x=x軸資料 , y=x軸資料 , name=圖示名稱))
```

例如繪製前一小節全年股票資料收盤價的線形圖：

```
f.add_trace(go.Scatter(x=pdstock['日期'], y=pdstock['收盤價'], name='收盤價'))
```

若要繪製多個線形圖，只要重複加入建立線形圖程式即可。

然後設定圖形區整體配置，語法為：

```
繪圖變數.update_layout(title=圖形標題, showlegend=布林值)
```

■ **showlegend**：值為 True 表示顯示圖示名稱，False 表示不顯示。

例如圖形標題為「2021 年個股統計圖」，要顯示圖示名稱：

```
f.update_layout(title='2021年個股統計圖', showlegend=True)
```

最後以 show 方法顯示圖形，語法為：

```
繪圖變數.show()
```

以 plotly 繪圖的完整程式碼：(僅列出修改部分)

```
…(略)
22 from matplotlib.font_manager import fontManager
23 import plotly.graph_objects as go
…(略)
41 for i in range(len(pdstock['日期'])):   #轉換日期式為西元年格式
42     pdstock['日期'][i] = convertDate(pdstock['日期'][i])
43 pdstock['日期'] = pd.to_datetime(pdstock['日期'])   #轉換日期欄位為日期格式
44
45 f = go.Figure()
46 f.add_trace(go.Scatter(x=pdstock['日期'], y=pdstock['收盤價'], name='收盤價'))
47 f.add_trace(go.Scatter(x=pdstock['日期'], y=pdstock['最低價'], name='最低價'))
48 f.add_trace(go.Scatter(x=pdstock['日期'], y=pdstock['最高價'], name='最高價'))
49 f.update_layout(title='2021年個股統計圖', showlegend=True)
50 f.show()
```

程式說明

■ 23　　　匯入 plotly 模組。

■ 45　　　建立繪圖區。

■ 46　　　繪製收盤價線形圖。

■ 47　　　繪製最低價線形圖。

- ■ 48　　繪製最高價線形圖。
- ■ 49　　設定圖形標題及顯示圖示名稱
- ■ 50　　顯示圖形。

執行結果

將滑鼠移到圖形的曲線上，就會動態顯示該日的日期及股價資訊：

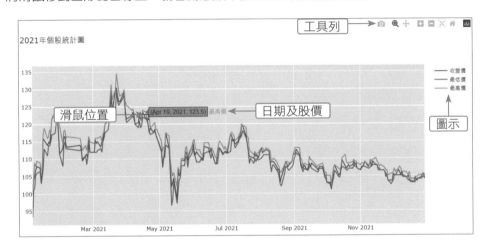

Plotly 圖形右上方的工具列提供許多圖形操作功能。

- ■ 📷：將圖形下載到本機，圖形格式為「png」。
- ■ 🔍：拖曳滑鼠設定顯示圖形範圍，此功能可將局部圖形放大觀察。
- ■ ✛：使用滑鼠拖曳移動圖形。
- ■ ➕：放大圖形。
- ■ ➖：縮小圖形。
- ■ ⌖：讓系統自動判斷繪圖座標範圍。
- ■ 🏠：使圖形回復到最初繪製狀態。

按 🔍 後拖曳滑鼠選取部分區塊即可將該區塊圖形放大，仔細觀察該區塊資訊，放開滑鼠就會放大選擇的區塊圖：

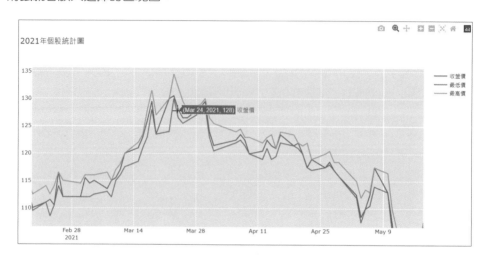

10.3.4 延伸應用

有了全年股票資料，即可利用這些資料統計分析：例如資料中除了最高價、最低價、收盤價外，還有成交股數、成交金額、開盤價、漲跌價差及成交筆數等，對這些資料進行分析繪圖，也可做為投資參考。最近機器學習、深度學習技術突飛猛進，利用現有股市資料進行股價預測，也是值得研究的課題。

Chapter

11

行動股市即時報價

11.1 專題方向

許多投資人長時間在證券公司或家中螢幕前觀看股價變化,一刻也不敢鬆懈,擔心錯過買賣股票的最佳時機。本專題會每隔指定時間讀取個股即時股價,股價若高於設定價錢時,會發 LINE 訊息告知使用者可賣出股票;若低於設定價錢時,會發 LINE 訊息告知使用者可買入股票,投資人即使不看盤也不會遺漏買賣股票的時機。

專題檢視

本專題執行後,每 5 分鐘讀取鴻海公司即時股價一次,若股價大於等於 100 元時,會發 LINE 訊息告知使用者,可以賣出手中的股票了!若股價小於等於 60 元時,會發 LINE 訊息告知使用者,是買入股票的好時機了!

專題重點

1. 使用 twstock 模組可以不必分析台灣證券交易所的網頁,只要利用 twstock 模組的方法就能輕鬆得到股票的歷史及即時資料。

2. 使用 LINE Notify 發送訊息給 LINE,完全免費,只要使用 LINE 帳號登入 LINE Notify 官網取得 LINE 權杖,就能輕鬆發送訊息給 LINE。

11.2 關鍵技術

雖然台灣證券交易所會提供即時股價資訊,但必須分析網頁才能利用爬蟲技術擷取所需資料。若使用 twstock 模組,只要利用該模組的方法就能輕鬆得到股票的歷史及即時資料。

在台灣,從小學生到老人家幾乎都會使用 LINE 做為溝通工具。LINE Notify 是 LINE 公司提供的傳送訊息服務,不但可以傳送給個人,也可以傳送給群組,而且沒有傳送筆數限制,完全免費。

11.2.1 台灣股市資訊模組:twstock

twstock 是一個專為台灣股市撰寫的模組,可以簡單的查詢各類股票資訊以及即時股票狀況。

使用 pip 即可安裝 twstock 模組,語法為:

```
!pip install twstock
```

使用 twstock 模組必須先匯入模組程式庫,語法為:

```
import twstock
```

查詢歷史股票資料

twstock 模組利用 Stock 方法查詢個股歷史股票資料,語法為:

```
歷史股票資料變數 = twstock.Stock('股票代號')
```

例如設定變數名稱為 stock,查詢鴻海股票 (代碼 2317) 的歷史資料:

```
stock = twstock.Stock('2317')
```

查詢歷史股票資料提供下列方法查詢不同歷史資料:

方法	傳回資料
price	傳回最近 31 筆收盤價資料
high	傳回最近 31 筆盤中最高價資料
low	傳回最近 31 筆盤中最低價資料

方法	傳回資料
date	傳回最近 31 筆日期資料
fetch (西元年 , 月)	傳回參數指定月份的資料
fetch_from (西元年 , 月)	傳回參數指定月份到現在的資料

例如顯示最近 31 筆收盤價資料：

```
print(stock.price)
```

顯示結果為：

```
[111.5, 111.5, 112.0, 111.5, 109.5, 109.0, 112.0, 109.5, 108.0,
    110.0, 111.0, 112.0, 111.0, 109.0, 106.0, 100.0, 102.5, 100.5,
    103.5, 102.0, 101.0, 100.5, 102.5, 105.0, 105.0, 105.0, 104.0,
    103.5, 105.5, 106.0, 107.5]
```

傳回結果為串列，可使用串列語法擷取部分資料，例如顯示最近 5 筆收盤價：

```
print(stock.price[-5:])
```

顯示結果為：

```
[104.0, 103.5, 105.5, 106.0, 107.5]
```

其餘方法的使用方式皆雷同，不再贅述。

查詢即時股票資料

twstock 模組利用 realtime 方法查詢個股即時股票資料，語法為：

```
即時個股資料變數 = twstock.realtime.get(' 股票代號 ')
```

例如設定變數名稱為 real，查詢鴻海股票 (代碼 2317) 的即時資料：

```
real = twstock.realtime.get('2317')
```

傳回資料為：

```
{'info': {'channel': '2317.tw', 'code': '2317',
 'fullname': ' 鴻海精密工業股份有限公司 ', 'name': ' 鴻海 ',
 'time': '2022-07-26 02:51:35'},
'realtime': {'accumulate_trade_volume': '10374',
```

```
    'best_ask_price': ['108.0', '108.5', '109.0', '109.5', '110.0'],
    'best_ask_volume': ['4332', '5948', '4842', '5284', '5882'],
    'best_bid_price': ['107.5', '107.0', '106.5', '106.0', '105.5'],
    'best_bid_volume': ['1932', '8490', '5480', '3236', '3153'],
    'high': '108.5',
    'latest_trade_price': '108.0',
    'low': '107.0'},
   'open': '108.0',
   'trade_volume': '4',
 'success': True,
 'timestamp': 1523929182.0}
```

傳回資訊包括公司基本資料、即時股價、成交量、委買及委賣資料、開盤價、盤中最高及最低價，以及此次查詢是否成功。

傳回資訊的「success」欄位為 True 表示傳回資訊正確，如果是 False 表示發生錯誤，同時將錯誤訊息存於「rtmessage」欄位。程式設計者通常會先檢查此欄位，若為 True 才處理傳回資料，程式碼為：

```
if real['success']:
    處理股票資料程式碼
else:
    print('錯誤：' + real['rtmessage'])
```

主要股票資料都在「realtime」欄位中，例如即時股價就在「realtime」欄位的「latest_trade_price」欄位，顯示即時股價的程式碼為：

```
real['realtime']['latest_trade_price']
```

有時雖讀取成功，但「latest_trade_price」欄位值為「-」，表示讀取時沒有即時股價資料，因此程式需檢查「latest_trade_price」欄位值是否為「-」，若是「-」就要重新讀取股票資訊。

下面範例會顯示 twstock 模組取得的部分資料：

```
[ ]    1 import twstock
       2
       3 stock = twstock.Stock('2317')   #鴻海
       4 print('近31個收盤價：')
       5 print(stock.price)     #近31個收盤價
       6 print('近6個收盤價：')
       7 print(stock.price[-6:])    #近6日之收盤價
```

```
 8 while True:
 9     real = twstock.realtime.get('2317')
10     if real['success']:
11         if real['realtime']['latest_trade_price'] != '-':
12             print('即時股票資料：')
13             print(real)  #即時資料
14             print('目前股價：')
15             print(real['realtime']['latest_trade_price']) #即時價格
16             break
17     else:
18         print('錯誤：' + real['rtmessage'])
```

程式說明

- **10** 讀取股票資訊成功就執行 11-16 列程式。

- **11-16** 「latest_trade_price」欄位值不是「-」表示取得目前股價才顯示目前股票資訊，並以 break 跳出無窮迴圈結束程式，否則就重新讀取股票資訊。

- **17-18** 讀取股票資訊失敗就顯示錯誤原因訊息。

執行結果：

```
近31個收盤價：
[111.5, 111.5, 112.0, 111.5, 109.5, 109.0, 112.0, 109.5, 108.0, 110.0, 111.0, 112.0, 111.0, 109.0, 10
近6個收盤價：
[105.0, 104.0, 103.5, 105.5, 106.0, 107.5]
即時股票資料：
{'timestamp': 1658805629.0, 'info': {'code': '2317', 'channel': '2317.tw', 'name': '鴻海', 'fullname':
目前股價：
107.5000
```

11.2.2 申請 LINE Notify 權杖

對於使用者和開發者而言，LINE Notify 的最大優勢，就是可以免費接收 LINE 的推播通知，不會被依訊息則數來收費。它是一個官方帳號，加為好友之後，就可以用它來接收你的服務發送過來的推播通知，也可以使用程式發送推播通知。

要以 LINE Notify 傳送訊息必須先到 LINE Notify 官網取得權杖。開啟 LINE Notify 官網「https://notify-bot.line.me/zh_TW/」，以 LINE 帳號登入後，在右上方「姓名」下拉選單中點選 **個人頁面**。

於 **發行存取權杖 (開發人員用)** 項目按 **發行權杖** 鈕。

請填寫權杖名稱 欄輸入權杖名稱 (此處輸入「即時股價」)，接著點選 **透過 1 對 1 聊天接收 Line Notify 的通知**，表示僅傳送資料給自己。最後按 **發行** 鈕。

中間的紅色文字就是 LINE Notify 權杖，按 **複製** 鈕複製備用，在程式中會使用此權杖。按 **關閉** 鈕結束對話方塊。

在 LINE Notify 個人頁面就可見到剛建立的權杖服務。注意此處不會顯示權杖，複製的權杖要妥善保管，若忘記將無法尋回。

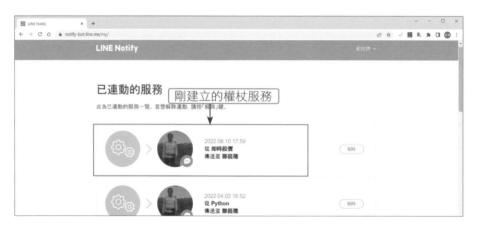

Line 中加入 Line Notify 為好友

在 LINE 中必須將 LineNotify 加入成為好友，才會顯示由 LINENotify 傳送的訊息。

於行動裝置開啟 LINE，點選 **主頁 / 加入好友**。在 **加入好友** 頁面按 **搜尋** 鈕，於 **搜尋好友** 頁面，上方核選 **ID**，搜尋欄輸入「@linenotify」後按右方 **搜尋** 鈕。出現 LINE Notify，按 **加入** 鈕完成設定。

11.2.3 發送 LINE Notify 通知

有了 LINE Notify 權杖後，只要呼叫 LINE Notify 提供的 API 就能發送 LINE Notify 通知了！LINE Notify 的 API 網址為「https://notify-api.line.me/api/notify」，傳送通知的語法為：

```
headers = {
    "Authorization": "Bearer " + 權杖 ,
    "Content-Type" : "application/x-www-form-urlencoded"
}
payload = {'message': 文字訊息 }
通知變數 = requests.post("https://notify-api.line.me/api/notify",
    headers = headers, params = payload)
```

- **權杖**：前一小節申請的 LINE Notify 權杖。
- **文字訊息**：要傳送給 LINE 的訊息。

例如，以通知變數 notify 傳送文字訊息：

```
notify = requests.post("https://notify-api.line.me/api/notify",
    headers = headers, params = payload)
```

通知變數的 status_code 屬性值若為「200」表示傳送訊息成功，通常會檢查此屬性值進行 LINE Notify 傳送訊息的後續處理：

```
if 通知變數.status_code == 200:
    傳送訊息成功處理程式碼
else:
    傳送訊息失敗處理程式碼
```

下面範例示範傳送 LINE Notify 通知：

```
[9]  1 import requests
     2
     3 msg = '這是 LINE Notify 發送的訊息。'
     4 token = '你的 LINE Notify 權杖'  #權杖
     5 headers = {
     6     "Authorization": "Bearer " + token,
     7     "Content-Type" : "application/x-www-form-urlencoded"
     8 }
     9 payload = {'message': msg}
    10 notify = requests.post("https://notify-api.line.me/api/notify", \
    11     headers = headers, params = payload)
    12 if notify.status_code == 200:
    13     print('發送 LINE Notify 成功！')
    14 else:
    15     print('發送 LINE Notify 失敗！')

發送 LINE Notify 成功！
```

使用本章所附程式時，記得將第 4 列程式替換為使用的 LINE Notify 權杖。

開啟使用者行動裝置 LINE 應用程式，可見到剛傳送過來的 LINE Notify 通知。

11.3 實戰：用 LINE 傳送即時股價

11.3.1 執行情形

具備讀取即時股價的能力，在指定條件發生時發送 LINE 訊息，就能監控股票價格，
當股票價格達到特定價位時以 LINE 訊息通知使用者。

本專題執行後，每 5 分鐘讀取鴻海公司即時股價一次，若股價達到 100 元以上 (含)
就發 LINE 訊息告知使用者可賣出股票；若股價達到 60 元以下 (含) 就發 LINE 訊息
告知使用者可買入股票。為了避免使用者疏忽 LINE 訊息而傳送太多 LINE 訊息，設
定最多只發送 3 次 LINE 訊息就結束程式。同樣的，若讀取即時股價產生錯誤，最多
顯示 3 次錯誤訊息就結束程式。

```
程式開始執行！
鴻海目前股價：107.5000
第 1 次發送 LINE 訊息。
鴻海目前股價：107.5000
第 2 次發送 LINE 訊息。
鴻海目前股價：107.5000
第 3 次發送 LINE 訊息。
程式結束！
```

11.3.2 完整程式碼

用 LINE 監控鴻海股價並在設定條件發生時傳送即時股價的程式碼：

```
1  import twstock
2  import time
3  import requests
4
5  def lineNotify(token, msg):
6      headers = {
7          "Authorization": "Bearer " + token,
8          "Content-Type" : "application/x-www-form-urlencoded"
9      }
10
11     payload = {'message': msg}
```

```python
12      notify = requests.post("https://notify-api.line.me/api/notify",
         headers = headers, params = payload)
13      return notify.status_code
14
15  def sendline(mode, realprice, counterLine, token):
16      print('鴻海目前股價：' + str(realprice))
17      if mode == 1:
18          message = '現在鴻海股價為 ' + str(realprice) + '元,可以賣出股票了！'
19      else:
20          message = '現在鴻海股價為 ' + str(realprice) + '元,可以買入股票了！'
21      code = lineNotify(token, message)
22      if code == 200:
23          counterLine = counterLine + 1
24          print('第 ' + str(counterLine) + ' 次發送 LINE 訊息。')
25      else:
26          print('發送 LINE 訊息失敗！')
27      return counterLine
28
29  token = ' 你的 LINE Notify 權杖 '  #權杖
30  counterLine = 0  #儲存發送次數
31  counterError = 0  #儲存錯誤次數
32
33  print(' 程式開始執行！')
34  while True:
35      realdata = twstock.realtime.get('2317')  #即時資料
36      if realdata['success']:
37          realprice = realdata['realtime']['latest_trade_price']  #目前股價
38          if realprice != '-':
39              if float(realprice) >= 100:
40                  counterLine = sendline(1, realprice, counterLine, token)
41              elif float(realprice) <= 60:
42                  counterLine = sendline(2, realprice, counterLine, token)
43              if counterLine >= 3:  #最多發送3次就結束程式
44                  print(' 程式結束！')
45                  break
46              for i in range(300):  #每5分鐘讀一次
47                  time.sleep(1)
48      else:
49          print('twstock 讀取錯誤,錯誤原因：' + realdata['rtmessage'])
50          counterError = counterError + 1
51          if counterError >= 3:  #最多錯誤3次
52              print(' 程式結束！')
53              break
```

程式說明

- 1-3　　匯入模組。

- 5-13　　發送 LINE Notify 通知的自訂函式。

- 5　　　參數 token 為 LINE Notify 權杖，msg 為傳送的通知內容文字。

- 15-27　根據不同股價發送對應 LINE Notify 通知的自訂函式。

- 15　　　參數 mode=1 表示股價大於等於設定的股價高點，mode=2 表示股價小於等於設定的股價低點。realprice 為目前即時股價，counterLine 為目前傳送 LINE Notify 通知的次數。

- 17-18　mode=1 表示股價大於等於設定的股價高點，可以賣出股票。

- 19-20　mode=2，表示股價小於等於設定的股價低點，可以買入股票。

- 21　　　發送 LINE Notify 通知。

- 22-24　若發送成功就將發送 LINE 訊息次數增加一次。

- 29　　　LINE Notify 權杖。使用者記得將此處置換為使用者自己的權杖。

- 30-31　counterLine 變數記錄發送 LINE 訊息的次數，counterError 變數記錄顯示錯誤訊息的次數。

- 34-53　使用無窮迴圈不斷監視股價。

- 35　　　讀取鴻海股票即時資料。

- 36-45　讀取成功才執行 37-45 列程式。

- 37　　　取得目前股價。

- 38　　　如果讀到的目前股價不是「-」，表示取得真實股價數值，就進行 39-47 列程式處理股價，否則就重新讀取目前股價。

- 39-40　若股價大於或等於 100 就發送賣出股票的 LINE Notify 通知。

- 41-42　若股價小於或等於 60 就發送買入股票的 LINE Notify 通知。

- 43-45　發送 LINE Notify 通知 3 次就結束程式。

- 46-47　每隔 300 秒 (5 分鐘) 讀取即時股票資料一次。

- 48-53　若讀取即時股價產生錯誤就執行此段程式：顯示錯誤原因，錯誤次數加 1，最多顯示 3 次錯誤訊息就結束程式。

11.3.3 延伸應用

本章以分析網頁技術從台灣證交所擷取單月及全年股價資料，而 **twstock** 模組提供的 fetch、fetch_from 等方法，可輕易取得指定時間的股價資料，這樣我們就可將時間精力花在取得資料後的資料統計、分析，甚至預測上。

LINE Notify 通知可以無限制的發送通知給個人及群組，而且完全免費，因此能全方位、全時段發揮通知功能。例如：物聯網方面，可以監測指定設備 (如自動化機械操作溫度) 達到指定溫度時，立刻以 LINE Notify 通知；金融方面，可以每隔指定時間 (如 30 分鐘) 就以 LINE Notify 傳送匯率資料；教育方面，導師可將全班組成 LINE 群組，每週一自動發送營養午餐資料給群組等。

Chapter

12

網路書店新書排行榜

* **專題方向**
* **關鍵技術**

   URL 參數的分析

   取得新書分類頁面相關資料

   上傳資料到 Google 試算表

* **實戰：網路書店新書排行榜**

   取得新書分類排行榜資料

   將資料儲存到 Google 試算表

   延伸應用

12.1 專題方向

因為消費習慣的轉變，網路書店成長已經超越實體書店。許多網路書店都建置了完整的目錄，不論中文、英文書籍都非常齊全，書籍分類也很完備，在琳瑯滿目的書籍中，如何過濾、萃取符合自己品味的書籍，一直是門很大的學問。

專題檢視

本專題中將利用 **博客來網路書店** (http://www.books.com.tw)，將「中文書新書分類」頁面中的「近期新書」，依「暢銷度」排序後，利用網路爬蟲的技術，將所有分類中所有頁面下所有書籍的詳細資料，包括分類、書名、網址、圖片網址、作者、出版社、出版日期、優惠價和內容等詳細資訊全部下載回來，最後再將資料儲存在雲端的 Google 試算表中。

▲ 博客來網路書店網站：http://www.books.com.tw

專題重點

本專題有兩個需要關注的重點：

1. 分析並利用網站 **URL** 的參數來控制頁面顯示的資料內容，例如多頁的資料取得。

2. 將取得的資料儲存在雲端的 Google 試算表中。

12.2 關鍵技術

本專題的結構較為複雜，我們必須在首頁取得每個分類中所有頁面新書的詳細資訊，因為有多個分類，因此必須先取得每個分類的超連結，同時因為有多頁要下載，因此也必須取得共有多少分頁後依序一頁一頁下載。

12.2.1 URL 參數的分析

請用「http://www.books.com.tw/web/books_nbtopm_01/?o=5&v=1」進入新書介紹頁面，網址中的「books_nbtopm_01」為「中文書新書分類」中的第一個分類，以此類推：「books_nbtopm_02」代表第二類。

向下捲動可以看到近期新書的資訊，一旁會顯示這個分類的總本數。網址中的參數 o 是用來設定排序，「o=5」是指依「暢銷度」排序。參數 v 是用來設定顯示模式，「v=1」設定資料一列顯示一筆資料，「v=2」則是多欄顯示。

將捲軸向下捲動到最下方，可以看到這個分類一共有 6 頁，目前是在第 1 頁。

12.2.2 取得新書分類頁面相關資料

取得中文書新書分類總數及名稱

請使用瀏覽器開啟「http://www.books.com.tw/web/books_nbtopm_01/?o=5&v=1」，將滑鼠移動到「中文新書分類」文字，按右鍵後在快顯功能表按 **檢查 (N)**，開啟網頁開發人員工具。

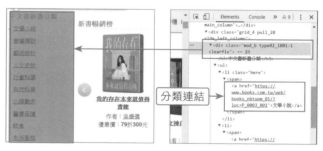

在 **Elements** 頁籤中請仔細觀察新書分類連結的原始碼是包含在「<div class="mod_b type02_l001-1 clearfix">」區塊中，也就是只要計算這個區塊中所有 <a> 連結標籤的總數，即是所有分類的總數。

```
homeurl = 'http://www.books.com.tw/web/books_nbtopm_01/?o=5&v=1'
html = requests.get(homeurl).text
soup = BeautifulSoup(html, 'lxml')
res = soup.find('div',{'class':'mod_b type02_l001-1 clearfix'})
hrefs = res.select('a')   #找尋區塊中所有 <a> 連結標籤
```

從 hrefs 串列的 <a> 標籤中，以 text 屬性即可取得分類的名稱。例如：kindno=1 可以下列程式取得第一類「文學小說」的分類名稱。

```
    kind = hrefs[kindno-1].text   # 分類名稱
```

整理各分類新書頁面的連結網址

透過迴圈讀取 hrefs，以「kindurl = url + towbyte(kindno) + mode」組合成所有新書分類的網址超連結，其中 twobyte() 是自訂函式，將數字轉換為兩位元的字串。例如：kindno=1 則 towbyte(kindno) 傳回「01」，網址為「http://www.books.com.tw/web/books_nbtopm_01/?o=5&v=1」；當 kindno=12 則 towbyte(kindno) 傳回「12」，網址為「http://www.books.com.tw/web/books_nbtopm_12/?o=5&v=1」。

```
kindno=1   # 計算共有多少分類
mode="/?o=5&v=1" #顯示模式：直式   排序依：暢銷度
url="http://www.books.com.tw/web/books_nbtopm_"
for href in hrefs:
    kindurl=url + twobyte(kindno) + mode # 分類網址
    kindno+=1
```

取得近期新書頁面詳細資訊

在近期新書圖片上按右鍵後在快顯功能表按**檢查 (N)**，可以看到所有新書都包含在「class='mod type02_m012 clearfix'」區塊中，其中每一個「<div class="item">」區塊就是一本書的詳細資訊。

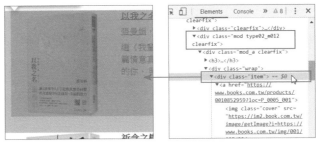

多頁連結

將捲軸捲到最下方，可以看到多頁的導覽連結，請於其上按右鍵後按 **檢查 (N)**，頁數包含在 <span> 標籤區塊中，而分頁的網址則在 <a> 標籤區塊中。

要取得「文學小說」類總共的頁數：

```
pages = int(soup.select('.cnt_page span')[0].text)
```

只要設定 &page= 後的數字即可以得到不同的分頁，例如：第二頁的網址是「http://
www.books.com.tw/web/books_nbtopm_01/?o=5&v=1**&page=2**」。最後再加上分
類組合，即可以得到各分類的所有分頁。例如：取得「文學小說」類的所有分頁。

```
url='http://www.books.com.tw/web/books_nbtopm_01/?o=5&v=1'
pages=int(soup.select('.cnt_page span')[0].text)   # 該分類共有多少頁
for page in range(1,pages+1):
    pageurl=url + '&page=' + str(page).strip()
```

12.2.3 上傳資料到 Google 試算表

要將 Python 資料上傳到 Google 試算表，必須先在 Google Developers Console 專
案中建立服務帳帳，並且啟用 **Google Drive API** 和 **Google 試算表 API**。可參考本
書 **3.6 Google 試算表的操作** 的說明。

解決 IP 被鎖定的問題

當我們以網路爬蟲重複向特定網頁伺服器送出過多 requests 時，網頁伺服器的防
護機制可能會鎖定現在的 IP，造成無法連上該網站。

由於手機一般都是使用浮動 IP，因此比較簡便的解決方式，就是透過手機重新連
線，不過如果間隔時間太短，有時候系統還是會再使用同一組 IP。

在 Colab 則只要將主機重新連線，就會再取得一組新的 IP。

12.3 實戰：網路書店新書排行榜

12.3.1 取得新書分類排行榜資料

執行情形

由於網路保護的機制，如果一次下載太多的資料，伺服器就會鎖住 IP。因此我們改為一次只下載一個指定的分類，程式執行後會先輸入要下載的分類，然後取得這個分類所有頁面中新書的詳細資訊。

例如：下載第 1 分類「文學小說」類。

```
請輸入要下載的分類：1
下載的分類編號：1     分類名稱：文學小說
http://www.books.com.tw/web/books_nbtopm_01/?o=5&v=1
共有 6 頁
第 1 頁 http://www.books.com.tw/web/books_nbtopm_01/?o=5&v=1&page=1

分類：文學小說
書名：孝子
圖片網址：https://www.books.com.tw/img/001/093/09/0010930951.jpg
作者：大師兄
```

```
分類：文學小說
書名：緣起香港：張愛玲的異鄉和世界
圖片網址：https://www.books.com.tw/img/001/093/35/0010933568.jpg
作者：黃心村
出版社：香港中文大學
出版日期：2022/07/01
優惠價：9折 765元
內容：從戴厚眼鏡的港大女學生，到驚世駭俗的摩登作家，張愛玲的香港經驗，形塑了她的歷史

「本書為張學及香港研究提供了最重要的突破。」

一九三九年，未滿...more
n= 72
```

完整程式碼

```
1    def showkind(url,kind):
2      html = requests.get(url).text
3      soup = BeautifulSoup(html,'lxml')
4      try:
5        # 該分類共有多少頁
6        pages=int(soup.select('.cnt_page span')[0].text)
7        print("共有 ",pages," 頁 ")
8        for page in range(1,pages+1):
9          pageurl=url + '&page=' + str(page).strip()
10         print(" 第 ",page," 頁 ",pageurl)
11         showpage(pageurl,kind)
12     except:  # 沒有分頁的處理
13       showpage(url,kind)
14
15   def showpage(url,kind):
16     html = requests.get(url).text
17     soup = BeautifulSoup(html,'lxml')
18     # 近期新書、在 class="mod type02_m012 clearfix" 中
19     res = soup.find('div',{'class':'mod type02_m012 clearfix'})
20     items=res.select('.item')  # 所有 item
21     n=0  # 計算該分頁共有多少本書
22     for item in items:
23       msg=item.select('.msg')[0]
24       src=item.select('a img')[0]["src"]
25       title=msg.select('a')[0].text  #書名
26       imgurl=src.split("?i=")[-1].split("&")[0] #圖片網址
27       author=msg.select('a')[1].text #作者
28       publish=msg.select('a')[2].text #出版社
29       date=msg.find('span').text.split("：")[-1] #出版日期
30       onsale=item.select('.price .set2')[0].text #優惠價
31       content=item.select('.txt_cont')[0].text\
32         .replace(" ","").strip()  #內容
33       print("\n分類:" + kind)
34       print("書名:" + title)
35       print("圖片網址:" + imgurl)
36       print("作者:" + author)
37       print("出版社:" + publish)
38       print("出版日期:" + date)
39       print(onsale) # 優惠價
40       print("內容:" + content)
```

```
41        n+=1
42        print("n=",n)
43
44  def twobyte(kindno):
45      if kindno<10:
46        kindnostr="0"+str(kindno)
47      else:
48        kindnostr=str(kindno)
49      return kindnostr
50
51  # 主程式
52  import requests
53  from bs4 import BeautifulSoup
54  kindno=1   # 要下載的分類，預設為第 1 分類：文學小說
55  homeurl = 'http://www.books.com.tw/web/books_nbtopm_01/?o=5&v=1'
56  mode="/?o=5&v=1" # 顯示模式：直式   排序依：暢銷度
57  url="http://www.books.com.tw/web/books_nbtopm_"
58  html = requests.get(homeurl).text
59  soup = BeautifulSoup(html,'lxml')
60
61  # 中文書新書分類，取得分類資訊
62  res = soup.find('div', class_='mod_b type02_l001-1 clearfix')
63  hrefs=res.select("a")
64
65  kindno=int(input(" 請輸入要下載的分類："))
66  if 0 < kindno <= len(hrefs):
67      kind = hrefs[kindno-1].text # 分類名稱
68      print(" 下載的分類編號：{}    分類名稱：{}" .format(kindno,kind))
69      # 下載指定的分類
70      kindurl = url + twobyte(kindno) + mode # 分類網址
71      print(kindurl)
72      showkind(kindurl, kind) # 顯示該分類所有書籍
73  else:
74      print(" 分類不存在！")
```

程式說明

■ 1-13　　自訂函式 showkind(url,kind) 顯示一個新書分類中的所有頁面，
　　　　　參數 url 為該分類的網址，kind 為分類名稱。

■ 4-13　　以 try~except 來做例外處理。

■ 6　　　頁面中放置頁數的 HTML 如下，程式中可以使用「pages=int(soup.
　　　　　select('.cnt_page span')[0].text)」，取得分類的頁數，它

有兩層過濾的功能，先找到「class="cnt_page"」的 div，再找到此 div 中的 <span>，因為有多個 <span>，所以取出的第一筆資料即為頁數，並儲存到 pages 變數中。

- 8-11　顯示所有分頁。

- 9　「pageurl=url+'&page='+str(page).strip()」組合成各個分頁的網址。

- 11　呼叫自訂函式 showpage(pageurl,kind) 顯示該分頁中所有書籍資訊。

- 13　若該分類中沒有分頁會抓不到頁數，此時就直接以參數 url 呼叫自訂函式「showpage(url,kind)」。

- 15-42　自訂函式「showpage(url,kind)」顯示該分頁中所有書籍資訊，參數 url 是該分頁的網址，kind 為分類名稱。

- 19　res=soup.find('div',{'class':'mod type02_m012 clearfix'}) 取得首頁中「class=mod type02_m012 clearfix'」的第一個 div 區塊。

- 20　「items=res.select('.item') 取得所有「class="item"」的 div 區塊並存入 items 串列中。

- 21　n=0 從 0 開始計算該分頁共有多少本書。

- 22-42　透過迴圈讀取 items 取得每本新書的內容。

- 23　「msg=item.select('.msg')[0]」取得「class='msg'」第一個 div 區塊，存入 msg 變數中，也就是所有書籍基本資料。

- 24　「src=item.select('a img')[0]["src"]」 取得「<a>」 標籤中的第一個「<img>」標籤裡 src 屬性內容，存入 src 變數中，其中儲存的是書本圖片的資料。例如：第一個 src 內容為「https://im2.book.com.tw/image/getImage?i=https://www.books.com.tw/img/001/084/99/0010849941.jpg&v=5e4684b9&w=170&h=170」。

- 25　第 23 列取得的 msg 區塊中有 3 個「<a>」標籤，以「title=msg.select('a')[0].text」取得第一個「<a>」標籤內容，就是書名。

- 26　「imgurl=src.split("?i=")[-1].split("&")[0]」 先 將 第 24 列的 src 以「"?i="」分割後取最右邊內容，得到「https://

www.books.com.tw/img/001/084/99/0010849941.jpg&v=5e4684b9&w=170&h=170」，接著再以「&」分割後取第一個元素，即可得到圖片網址「https://www.books.com.tw/img/001/084/99/0010849941.jpg。

- ■ 27-28　同第 25 列，分別取得作者及出版社。

- ■ 29　date=msg.find('span').text.split("：")[-1] 取得 msg 區塊中的 <span> 內容「悅知文化，出版日期：2020/03/02」，再以「：」分割後，最右邊的字串「2020/03/02」即為出版日期。

- ■ 30　onsale=item.select('.price .set2')[0].text 取得優惠價。

- ■ 31-32　content=item.select('.txt_cont')[0].text.replace(" ","").strip() 取得「class='txt_cont'」區塊內容，將空白字元以空字串取代，同時濾除前後的空白字元，即可得到書籍內容。

- ■ 33-40　顯示書籍詳細資訊。

- ■ 41-42　書本數加 1 並顯示之。

- ■ 44-49　自訂函式 twobyte(kindno)，將數字轉換為兩位元的字串，如果數字小於 10 則加上前導 0。

- ■ 54　kindno=1 預設要下載的分類為第 1 分類「文學小說」。

- ■ 55-59　取得第一個分類「http://www.books.com.tw/web/books_nbtopm_01/?o=5&v=1」的原始碼並建立 BeautifulSoup 物件。

- ■ 62　「res=soup.find('div',{'class':'mod_b type02_l001-1 clearfix'})」取得所有「class=mod_b type02_l001-1 clearfix'」的 div 區塊並存入 res 變數中。

- ■ 63　hrefs=res.select("a") 取得 res 中所有 <a> 的標籤，並存入 hrefs 串列中，計算 hrefs 串列長度就可以得到共有多少個分類。

- ■ 65　輸入要下載的分類。

- ■ 66-74　若分類存在才下載，否則顯示「分類不存在！」。

- ■ 67-68　以 kind=hrefs[kindno-1].text 取得分類名稱並顯示之。

- ■ 70-71　以 kindurl=url+twobyte(kindno)+mode 組合分類網址並顯示。

- ■ 72　呼叫自訂函式 showkind(kindurl,kind) 顯示該分類所有書籍。

12.3.2 將資料儲存到 Google 試算表

由於這個網站保護的機制，無法一次下載太多的資料，但我們可以將每次分類下載的資料儲存在雲端的 Google 試算表，再透過合併方式就能取得所有分類、所有頁面中新書的詳細資訊，也就是全部的新書的詳細資訊，再將資料分享給他人使用。

安裝相關模組

使用 pip 安裝 Google 試算表的相關模組，包括 gspread 和 oauth2client 模組。

```
!pip install gspread oauth2client
```

設定的步驟

如果想要將資料儲存在雲端的 Google 試算表，必須先以 **服務帳戶金鑰** 建立憑證後以憑證建立連線，然後開啟指定的試算表。其詳細步驟如下：

1. 首先建立一個自訂函式 auth_gss_client，以 ServiceAccountCredentials 模組的 from_json_keyfile_name 方法建立憑證。它需要兩個參數，第一個參數 path 為建立服務帳戶產生的 json 檔，第 2 個參數 scopes 為「https://spreadsheets.google.com/feeds」，建立前必須 import gspread 和 ServiceAccountCredentials 模組。

```
import gspread
from oauth2client.service_account import ServiceAccountCredentials
def auth_gss_client(path, scopes):
  credentials = ServiceAccountCredentials.from_json_keyfile_name(path,scopes)
  return gspread.authorize(credentials)
```

2. 呼叫 auth_gss_client 函式建立連線，同時傳入參數 **服務帳戶金鑰** 和 https://spreadsheets.google.com/feeds。

```
auth_json_path = 'PythonUpload.json'
gss_scopes = ['https://spreadsheets.google.com/feeds']
gss_client = auth_gss_client(auth_json_path, gss_scopes) # 連線
```

3. 連線建立後即可以 open_by_key() 方法以 id 開啟指定的試算表，「2OihpM657 yWo1lc3RjskRfZ8m75dCPwL1IPwoDXSvyzI」為本書範例試算表的 id，本例為 UploadByPython 試算表。

```
spreadsheet_key = '2OihpM657yWo1lc3RjskRfZ8m75dCPwL1IPwoDXSvyzI'
sheet = gss_client.open_by_key(spreadsheet_key).sheet1 # 開啟工作表
```

4. 以 append_row() 方法儲存資料，並且必須加上適當的 delay。

```
for item1 in list1: # 資料
    sheet.append_row(item1)
    sleep(1.2) # 必須加上適當的 delay
```

專題的執行結果

下載後儲存至雲端的 Google 試算表，必須加上適當的延遲時間，大約需要幾分鐘的時間才能寫入完成，讀者也可以在等待過程中開啟雲端試算表 <UploadByPython. xlsx>，觀察資料一筆一筆寫入的過程。

```
請輸入要下載的分類：2
下載的分類編號：2    分類名稱：商業理財
共有 3 頁
第 1 頁 https://www.books.com.tw/w
n= 1
n= 2
n= 3
n= 4
n= 5
n= 6
```

```
n= 22
n= 23
n= 24
n= 25
n= 26
n= 27
n= 28
n= 29
資料寫入雲端 Google 試算表中，請等侯
資料儲存完畢！
```

下載第二分類「商業理財」後，雲端的 Google 試算表 <UploadByPython.xlsx> 檔案內容。

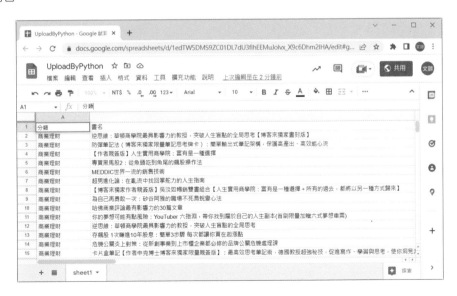

專題部分的程式碼

```
1    def showkind(url,kind):
…（略）
15   def showpage(url,kind):
16     html = requests.get(url).text
17     soup = BeautifulSoup(html,'html.parser')
18     # 近期新書、在 class="mod type02_m012 clearfix" 中
19     res = soup.find('div',{'class':'mod type02_m012 clearfix'})
20     items=res.select('.item')   # 所有 item
21     n=0   # 計算該分頁共有多少本書
22     for item in items:
23       msg=item.select('.msg')[0]
24       src=item.select('a img')[0]["src"]
25       title=msg.select('a')[0].text   #書名
26       imgurl=src.split("?i=")[-1].split("&")[0] #圖片網址
27       author=msg.select('a')[1].text #作者
28       publish=msg.select('a')[2].text # 出版社
29       date=msg.find('span').text.split("：")[-1] # 出版日期
30       onsale=item.select('.price .set2')[0].text # 優惠價
31       content=item.select('.txt_cont')[0].text.replace(" ","").strip() #內容
32       # 將資料加入 list1 串列中
33       listdata=[kind,title,imgurl,author,publish,date,onsale,content]
34       list1.append(listdata)
35       n+=1
36     print("n=",n)
37
38   def twobyte(kindno)::
…（略）
45   def auth_gss_client(path, scopes): #建立憑證
46     credentials = ServiceAccountCredentials.from_json_keyfile_name(
47                     path,scopes)
48     return gspread.authorize(credentials)
49
50   #主程式
51   import requests
52   from bs4 import BeautifulSoup
53   import gspread
54   from oauth2client.service_account import ServiceAccountCredentials
55   from time import sleep
56
```

```
57  auth_json_path = 'PythonUpload.json' # 您的 json 金鑰檔
58  gss_scopes = ['https://spreadsheets.google.com/feeds']
59  gss_client = auth_gss_client(auth_json_path, gss_scopes) #連線
60
61  spreadsheet_key = ' 您自己的 key'
62  sheet = gss_client.open_by_key(spreadsheet_key).sheet1 # 開啟工作表
63  sheet.clear() # 清除工作表內容
64
65  list1=[]
66  kindno=1  # 要下載的分類，預設為第 1 分類：文學小說
67  homeurl = 'http://www.books.com.tw/web/books_nbtopm_01/?o=5&v=1'
68  mode="/?o=5&v=1" # 顯示模式：直式   排序依：暢銷度
69  url="https://www.books.com.tw/web/books_nbtopm_"
70  html = requests.get(homeurl).text
71  soup = BeautifulSoup(html,'html.parser')
72  # 中文書新書分類，取得分類資訊
73  res = soup.find('div',{'class':'mod_b type02_l001-1 clearfix'})
74  hrefs=res.select("a")
75  kindno=int(input(" 請輸入要下載的分類："))
76  if 0 < kindno <= len(hrefs):
77    kind=hrefs[kindno-1].text # 分類名稱
78    print(" 下載的分類編號：{}    分類名稱：{}" .format(kindno,kind))
79    # 下載指定的分類
80    kindurl=url + twobyte(kindno) + mode # 分類網址
81    showkind(kindurl,kind) # 顯示該分類所有書籍
82    # 儲存 Google 試算表
83    print(" 資料寫入雲端 Google 試算表中，請等候幾分鐘 !")
84    listtitle=[" 分類 "," 書名 "," 圖片網址 "," 作者 "," 出版社 ",
85               " 出版日期 "," 優惠價 "," 內容 "]
86    sheet.append_row(listtitle)   # 標題
87    for item1 in list1: # 資料
88      sheet.append_row(item1)
89      sleep(1.2) # 必須加上適當的 delay
90  else:
91    print(" 分類不存在 !")
92  print(" 資料儲存完畢 !")
```

程式說明

■ 33-34 將取得的每本書籍的詳細資料加入 list1 串列中。

■ 45-48 自訂函式 auth_gss_client 連線到 Google 試算表。

- 57-59　建立和 Google 試算表的連線物件 gss_client。PythonUpload.json 是筆者申請的金鑰檔，使用者必須自己申請自己的金鑰檔並上傳到 Colab 主機，並改用自己的金鑰檔。
- 61-62　開啟 id 為 spreadsheet_key 的 Google 試算表，使用者請使用自己建立試算表 id。
- 63　　清除試算表內容。
- 84-86　以 append_row() 方法加入 listtitle 串列，這個串列就是第一列標題。
- 87-88　依序以 append_row() 方法加入 list1 串列，這個串列是書籍的詳細資料，它是二維串列，其中的每一筆 item1 資料都是一維串列。

12.3.3　延伸應用

許多資料型的網站，都是利用網站 URL 的參數來控制頁面顯示的資料內容，若要成為一名網路爬蟲的高手，對於網站 URL 參數觀察、測試以及驗證，都是需要培養的功力，對於更進階的網站資料收集會有莫大的幫助。

資料爬取後，需要進一步的整理與儲存，才能進行分析與應用。而目前儲存的方式與管道越來越多了，雲端的儲存方式是許多人喜愛的方式。本章使用 Google 試算表即是許多人很推薦的儲存方式，其他如文字檔、CSV、JSON 或是資料庫，都可以視取得資料的特性來進行嘗試。

Chapter

13

人力銀行網站求職小幫手

* **專題方向**
* **關鍵技術**

  分析網址參數

  擷取資料總筆數及計算頁數

  擷取職缺各欄位資料

  Pandas 篩選文字欄位資料

* **實戰：1111 人力銀行求職小幫手**

  擷取電腦相關行業職缺資料

  統計六都職缺數量分布

  統計六都平均薪資金額

  延伸應用

13.1 專題方向

現在人們找工作,首選就是人力銀行網站,網站中動輒數萬個工作機會,成為求職者與聘僱者之間最好的溝通橋樑。本專題根據求職者設定的篩選條件,下載人力銀行網站的職缺資料存為 Excel 檔,求職者可離線慢慢尋找最合適的工作機會,資料中有求才廠商網址,點選即可查看求才廠商詳細資訊。

擷取工作機會資料後,可利用這些資料進行統計、分析等,了解整體工作環境,讓求職者對工作進行最有利的判斷。本專題進行兩種統計做為示範:統計比較六都電腦相關行業職缺數量及電腦相關行業平均薪資。

專題檢視

1111 人力銀行 (https://www.1111.com.tw/) 是國內相當著名的求職網站,對於人才求職,或是企業求才提供全方位的服務。

▲ 1111 人力銀行網站:https://www.1111.com.tw/

在本專題中首先擷取 1111 人力銀行網站電腦相關行業的職缺資料存為 Excel 檔 (如下圖),資料中包含職務名稱、公司名稱、工作地點、薪資等。因為在擷取資料後還要進行資料統計分析,因此擷取了 **1,500** 筆資料。

	A	B	C	D	E	F	G	H
1	職務名稱	工作網址	公司名稱	公司類別	工作地點	薪資	應徵人數	其他事項
2	電腦維修技術人員	https://www.1111.com.tw/job/98507019/	優愛全球商務科技有限公司	電腦/週邊設備製造	高雄市三民區義華路	月薪 2.7萬元以上	6-10人	1.電腦組裝.維
3	鍍竹廠-業務工程師	https://www.1111.com.tw/job/79388370/	華通電腦股份有限公司	印刷電路板製造業(PCB)	桃園市蘆竹區新莊村大新	月薪 4.1萬-4.9萬元	1-5人	1.大學(含)以上
4	電子計算機中心 技佐	https://www.1111.com.tw/job/98782462/	馬偕醫護管理專科學校	大專校院教育事業	《品牌名稱》馬偕護校	月薪 32,490-33,490元	1-5人	一:.主要職務
5	C0290計算機視覺應用	https://www.1111.com.tw/job/98713326/	仁寶電腦工業股份有限公司	電腦/週邊設備製造	台北市內湖區瑞光路	面議(經常性薪資4)	1-5人	1.根據專案需
6	【研發部】研究所者員	https://www.1111.com.tw/job/77131657/	台灣知識庫股份有限公司	數位內容相關	台北市中正區博愛路	月薪 25,250-4萬元	1-5人	教授類別:高
7	研發助理	https://www.1111.com.tw/job/98724268/	國立清華大學計算機與通訊	其他教育服務業	新竹市東區光復路	月薪 33,280元	1-5人	【職 稱】
8	清華大學計通中心 誠	https://www.1111.com.tw/job/97549867/	國立清華大學計算機與通訊	其他教育服務業	新竹市東區光復路	月薪 3.4萬-3.9萬元	1-5人	基本條件:1.
9	清華大學計通中心 誠	https://www.1111.com.tw/job/92262784/	國立清華大學計算機與通訊	其他教育服務業	新竹市東區光復路	月薪 38,370-43,295元	1-5人	【應徵資格】

如果對某項職務有興趣，可開啟「工作網址」欄廠商求才網頁了解詳情。

本專題使用擷取的 1,500 筆電腦相關行業職缺資料統計了六都的職缺數量分布 (左下圖)，可看出新北市的工作職缺最多，而台南市非常少；另外做了六都電腦相關行業薪資統計 (右下圖)，可看到新北市最高。

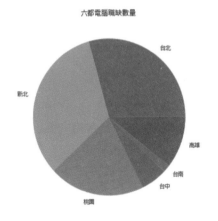

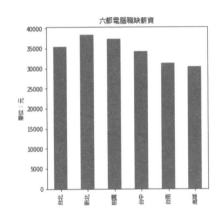

專題重點

1. 資料的篩選條件可利用 GET 網址列參數方式傳遞給伺服器進行資料篩選，篩選條件包括職缺關鍵字、地區、職務等。

2. 分析網頁 HTML 語法結構，使用適當方法擷取所需的資料，包括職務名稱、工作網址、工作地點、薪資等，資料擷取完成後存為 Excel 檔案。

3. 使用 Pandas 讀取 Excel 資料檔，再以 Pandas 篩選出我們要統計分析的資料，最後以 Pandas 繪製圓餅圖及長條圖。

13.2 關鍵技術

許多網頁都會提供下拉式選單讓使用者設定條件來篩選網站資料,其篩選條件會在網址中以 GET 參數型態傳送給伺服器,伺服器根據這些參數就能傳回使用者需要的資料。只要找到這些參數的規則,就能以程式取得我們所要的資料了!

13.2.1 分析網址參數

1111 人力銀行的首頁為「https://www.1111.com.tw/」,開啟網頁後預設功能即為「找工作」。可設定職缺關鍵字 (行業別)、地點、職務等來篩選工作資料,如果都不設定,直接按右方 **搜尋** 鈕即會顯示所有工作資料。

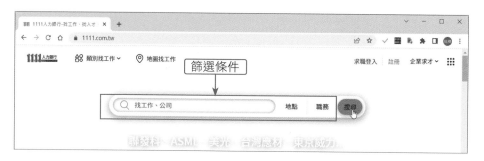

通常會在搜尋欄位輸入關鍵字縮小搜尋範圍,例如輸入 **電腦** 後按 **搜尋** 鈕顯示篩選電腦相關行業的職缺,網址為「https://www.1111.com.tw/search/job?ks= 電腦」,可見「ks= 電腦」參數為篩選職缺關鍵字。開始處會顯示資料總筆數。

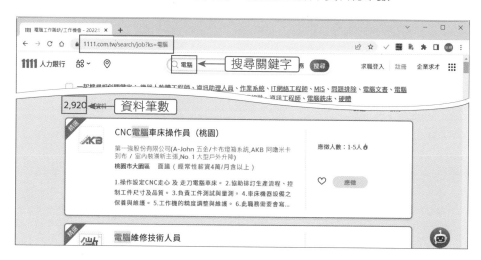

取得 1111 人力銀行職缺資料可以「https://www.1111.com.tw/search/job」為基礎，再加上各種篩選條件參數即可。較重要的參數整理於下表：

參數	範例	說明
ks	ks= 電腦	職缺關鍵字。
c0	c0=100100 c0=100100,100200	地區，以代碼表示地區名稱，若有多個地區，地區代碼之間以逗號「,」分隔。
d0	d0=100100 d0=100100,100200	職務，以代碼表示職務名稱，若有多個職務，職務代碼之間以逗號「,」分隔。
page	page=5	顯示第 5 頁資料，每頁資料筆數為 20，即第 81~100 筆資料。
sa0	sa0=40000	工作待遇，設定最低薪資。
sa0*sa1	sa0=30000*sa1=50000	工作待遇，範例為薪資在 30000 元到 50000 元之間。

「c0」為設定地區篩選條件，地區以代碼表示，例如 100100 為台北市，100200 為新北市。地區可以設定到鄉鎮市區等級，例如台北市信義區的代碼為 100107。可同時設定多個地區，設定方式為地區代碼之間以逗號「,」分隔，例如「&c0=100100,100200」為台北市、新北市的工作職缺都符合條件。

「d0」為設定職務篩選條件，職務也是以代碼表示，例如 100100 為管理幕僚，其設定方式與地區篩選條件完全相同。

13.2.2 擷取資料總筆數及計算頁數

使用者在 1111 人力銀行顯示資料網頁向下捲動時，系統會自動載入後續資料，此功能增加擷取大量資料的難度。本專題採用「page」參數方式：page=1 時由第 1 筆資料開始顯示，page=2 時由第 21 筆資料開始顯示，依此類推，所以每次擷取 20 筆資料就改變 page 設定值繼續擷取。為節省擷取資料的時間及網路流量，設定最多擷取 1,500 筆資料。

擷取資料總筆數

於顯示 1111 人力銀行網頁篩選資料總筆數處按滑鼠右鍵，於快顯功能表點選 **檢查** 開啟開發人員工具。

在開發人員工具可見到總筆數位於「class="srh-result-count nav_item job_count"」內，如果此 class 只有一個，就可輕鬆取得其值。在左方網頁任意處按滑鼠右鍵，於快顯功能表點選 **檢視網頁原始碼** 查看原始碼。

於 **網頁原始碼** 頁面按 **Ctrl+F** 鍵開啟搜尋對話方塊，於對話方塊輸入「srh-result-count nav_item job_count」後按 **Enter** 鍵，輸入文字右方會顯示「1/1」，表示網頁中只搜尋一個符合條件的文字，並以橙色底色文字顯示。

如果網頁以 BeautifulSoup 處理解析後存於 soup 變數中，則取出 <div> 標籤中 class 為 srh-result-count nav_item job_count 的程式碼為：

```
tem = soup.find('div', class_='srh-result-count nav_item job_count')
```

然後由 data-count 屬性取得資料總筆數，再移除數字分位符號「,」：

```
jobn = int(tem.get('data-count').replace(',', ''))
```

計算擷取頁數

由於擷取資料要以「頁」為單位，因此需計算要擷取的頁數。本專題最多擷取 1,500 筆資料，若資料總筆數大於 1,500 就設定資料總筆數為 1,500。

每頁資料為 20 筆，以資料總筆數除以 20 後的商，再取無條件進位的整數即可得到擷取頁數。取無條件進位整數的函式為「math.ceil()」，例如：

```
a = math.ceil(12)    # a=12
b = math.ceil(12.1)  # b=13
```

計算擷取頁數的程式碼為：

```
if jobn > 1500:
    jobn = 1500
page = math.ceil(jobn/20)
```

13.2.3 擷取職缺各欄位資料

1111 人力銀行職缺資料顯示了職務名稱、工作地點、公司名稱等資料，我們要一一取得後寫入 Excel 檔。

在第一筆職缺資料的職務名稱處按滑鼠右鍵，於快顯功能表點選 **檢查** 開啟開發人員工具。

將滑鼠在右方原始碼移動，原始碼對應的網頁內容會呈現反白。當滑鼠移到 <div class="body-wrapper"> 標籤時，網頁內容中該筆職缺資料整個會被選取起來。

資料爬取時，可以選擇 body-wrapper 這個類別，即可將頁面中每一個職缺資料的內容化為清單儲存起來，job 是一個串列，每一個元素即為一筆職缺資料：

```
job = soup.find_all('div', class_='body-wrapper')
```

每一筆職缺資料有多個欄位資料，下面說明幾個較重要欄位的擷取方法：

擷取職務名稱

當滑鼠移到 <div class="job_item_info"> 標籤時，該筆職缺左半部資料會被選取，包括職務名稱、工作地點等。取得此部分資料的程式為：

```
jobinfo = job[j].find('div', class_='job_item_info')
```

職務名稱是在 <h5 class="card-title title_6"> 標籤的顯示文字，使用 text 屬性即可取得，程式碼如下：

```
work = jobinfo.find('h5').text
```

擷取工作網址

工作網址是該職缺詳細資料的網頁，若對該職缺有興趣，可進入該網頁進一步了解。工作網址位於 <div class="job_item_info"> 中 <a> 連結標籤的 <href> 屬性值。

程式中使用 get 方法即可取得標籤屬性值，程式碼如下：

```
site = jobinfo.find('a').get('href')
```

擷取公司名稱、公司類別及工作地點

觀察原始碼,發現公司名稱、公司類別及工作地點資料都在 <div class="card-subtitle mb-4 text-muted happiness-hidd"> 標籤裡 <a> 連結的 title 屬性中,取得 title 屬性內容的程式碼如下:

```
title = jobinfo.find('div', class_='card-subtitle mb-4 text-muted
    happiness-hidd').find('a').get('title')
```

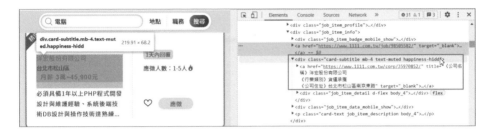

title 屬性內容是公司名稱、公司類別及工作地點資料,資料之間以換行字元分隔,例如上圖擷取的 title 內容為:

《公司名稱》洋宏股份有限公司
《行業類別》貨運承攬
《公司住址》台北市松山區南京東路

因此將 title 內容以換行字元分解後,再移除各資料的標題文字就可得到公司名稱、公司類別及工作地點,程式碼為:

```
tlist = title.split('\n')
company = tlist[0].replace('《公司名稱》', '')   #公司名稱
companysort = tlist[1].replace('《行業類別》', '')   # 公司類別
area = tlist[2].replace('《公司住址》', '')   #工作地點
```

擷取薪資

薪資是在 <div class="job_item_detail_salary ml-3 font-weight-style digit_6"> 標籤的顯示文字,使用 text 屬性即可取得,程式碼如下:

```
salary = jobinfo.find('div', class_='job_item_detail_salary ml-3
    font-weight-style digit_6').text
```

擷取應徵人數

應徵人數是在 <span class="applicants_data"> 標籤的顯示文字，取得應徵人數的程式碼如下：

```
person = jobinfo.find('span', class_='applicants_data').text
```

擷取其他事項

其他事項包括工作內容、學歷要求、應徵條件等資訊。

其他事項位於 <p class="card-text job_item_description body_4"> 標籤的顯示文字，取得工作內容的程式碼如下：

```
content = jobinfo.find('p', class_='card-text job_item_
    description body_4').text
```

13.2.4 **Pandas** 篩選文字欄位資料

本專題使用 Pandas 做為資料統計分析的工具,最重要的是從 Pandas 欄位中篩選出所要統計分析的資料。

以下範例使用的 DataFrame 存於 df 變數中,具有姓名及班級 2 個欄位,共 6 筆資料:

```
[1]    1 import pandas as pd
       2
       3 columns = ['姓名', '班級']
       4 data = [['林大和','一年甲班'], ['張小明','一年乙班'], ['林美麗','一年乙班'],
       5         ['鄭中林','二年甲班'], ['林品朋','二年甲班'], ['陳明朋','二年乙班']]
       6 df = pd.DataFrame(data, columns=columns)
       7 df
```

	姓名	班級
0	林大和	一年甲班
1	張小明	一年乙班
2	林美麗	一年乙班
3	鄭中林	二年甲班
4	林品朋	二年甲班
5	陳明朋	二年乙班

精確比對篩選

首先介紹「精確比對」,即欄位內容與篩選內容完全相同才算符合條件,語法為:

```
df[df['欄位名稱']=='篩選內容']
```

例如篩選出「班級」為二年甲班的資料:

```
[2]    1 # 精確比對篩選
       2 df1 = df[df['班級']=='二年甲班']
       3 df1
```

	姓名	班級
3	鄭中林	二年甲班
4	林品朋	二年甲班

模糊比對篩選

「模糊比對」是指欄位內容包含篩選內容就算符合條件,語法為:

```
df[df['欄位名稱'].str.contains('篩選內容')]
```

例如篩選出「姓名」中包含「林」的資料：

```
[3]    1 # 模糊比對篩選
       2 df2 = df[df['姓名'].str.contains('林')]
       3 df2
```

	姓名	班級
0	林大和	一年甲班
2	林美麗	一年乙班
3	鄭中林	二年甲班
4	林品朋	二年甲班

多重條件篩選

如果需要同時使用多個條件進行篩選，條件之間使用「&(且)」或「|(或)」連接，語法為：

```
df[( 條件 1) & ( 條件 2) &……]    # 且
df[( 條件 1) | ( 條件 2) |……]    # 或
```

特別注意 Python 語言的「且」及「或」為「and」及「or」，而此處 Pandas 語法則為「&」及「|」。

例如篩選出一年級中「姓名」包含「林」的資料：

```
[5]    1 # 多重條件篩選
       2 df3 = df[(df['姓名'].str.contains('林')) & \
       3          (df['班級'].str.contains('一年'))]
       4 df3
```

	姓名	班級
0	林大和	一年甲班
2	林美麗	一年乙班

13.3 實戰：1111 人力銀行求職小幫手

本專題先由 1111 人力銀行擷取 1,500 筆電腦相關行業的職缺資料，並將擷取的資料存為 Excel 檔方便離線使用。接著使用這些資料進行統計分析：統計六都職缺數量分布及平均薪資金額，並繪製統計圖形。

13.3.1 擷取電腦相關行業職缺資料

本專題預設擷取電腦相關行業職缺資料，如果要擷取其他行業，或者要加入篩選條件 (如特定地區、指定薪資範圍等)，請參考 13.2.1 節修改第 6 列程式參數設定，即可擷取指定的職缺資料。

為了節省資源，本專題設定最多下載 1,500 筆資料。如果要下載更多資料，可修改第 13 及 14 列程式。

擷取電腦相關行業職缺資料並存為 Excel 檔的程式碼：

```
1  import requests, math
2  from bs4 import BeautifulSoup
3  import pandas as pd
4
5  df = []
6  baseurl = 'https://www.1111.com.tw/search/job?ks= 電腦 &page='  # 電腦
7
8  # 取得總資料數
9  html = requests.get(baseurl + '1')
10 soup = BeautifulSoup(html.text, 'lxml')
11 tem = soup.find('div', class_='srh-result-count nav_item job_count')
12 jobn = int(tem.get('data-count').replace(',', ''))
13 if jobn > 1500:   # 最多取 1500 筆資料
14     jobn = 1500
15 page = math.ceil(jobn/20)
16 # 逐頁讀取資料
17 for i in range(page):
18     url = baseurl + str(i+1)
19     html = requests.get(url)
20     soup = BeautifulSoup(html.text, 'lxml')
21     job = soup.find_all('div', class_='body-wrapper')
22     if (i+1)*20 > jobn:
23         count = jobn - i*20
```

```
24    else:
25        count = 20
26    for j in range(count):
27        try:
28            jobinfo = job[j].find('div', class_='job_item_info')
29            work = jobinfo.find('h5').text   #職務名稱
30            site = jobinfo.find('a').get('href')   #工作網址
31            title = jobinfo.find('div', class_='card-subtitle
                   mb-4 text-muted happiness-hidd').find('a').
                   get('title')
32            tlist = title.split('\n')
33            company = tlist[0].replace('《公司名稱》', '')   #公司名稱
34            companysort = tlist[1].replace('《行業類別》', '') #公司類別
35            area = tlist[2].replace('《公司住址》', '')   #工作地點
36            salary = jobinfo.find('div', class_='job_item_detail_
                   salary ml-3 font-weight-style digit_6').text   #薪資
37            person = jobinfo.find('span',
                   class_='applicants_data').text #應徵人數
38            content = jobinfo.find('p', class_='card-text job_
                   item_description body_4').text   #其他事項
39            dfmono = pd.DataFrame([{'職務名稱':work,
40                                    '工作網址': site,
41                                    '公司名稱': company,
42                                    '公司類別': companysort,
43                                    '工作地點':area,
44                                    '薪資':salary,
45                                    '應徵人數':person,
46                                    '其他事項':content }],
47                                    )
48            df.append(dfmono)
49        except:
50            pass
51    print('處理第 ' + str(i+1) + ' 頁完畢！')
52 df = pd.concat(df, ignore_index=True)
53 df.to_excel('1111data.xlsx', index=0)   #存為 excel 檔
```

程式說明

- 6　　　　預設為擷取電腦相關行業、全部地區的職缺資料。

- 11-12　　取得資料總筆數。

- 13-14　　如果資料總筆數大於 1500，就設定資料總筆數為 1500，這樣就能將
　　　　　下載資料控制在 1500 筆之內。

- ■ 15　　　計算資料總頁數。

- ■ 17-50　　逐頁擷取資料。

- ■ 18-20　　讀取網頁，並以 BeautifulSoup 解析。

- ■ 21　　　讀取所有職缺內容。job 為串列，每個元素即為一筆職缺資料。

- ■ 22-25　　計算每頁的資料筆數。只有在資料總筆數不是 20 的倍數，最後一頁為「jobn-i*20」筆資料，其餘情況皆為每頁 20 筆資料。例如資料總筆數為 123，最後一頁為「123-6*20=3」筆資料。

- ■ 26-50　　逐筆擷取職缺資料。

- ■ 28-29　　擷取職務名稱資料。

- ■ 30　　　擷取工作網址資料。

- ■ 31-33　　擷取公司名稱資料。

- ■ 34　　　擷取公司類別資料。

- ■ 35　　　擷取工作地點資料。

- ■ 36　　　擷取薪資資料。

- ■ 37　　　擷取應徵人數資料。

- ■ 38　　　擷取其他事項資料。

- ■ 39-47　　將擷取的職缺各欄位資料轉換為 Pandas 的 DataFrame 格式。

- ■ 48　　　將單筆 Pandas 的 DataFrame 格式職缺資料加入 df 串列中。

- ■ 51　　　每頁資料擷取完成後顯示訊息，以免使用者等待太久，誤認為程式沒有反應當掉。

- ■ 52　　　將 df 串列轉換為 DataFrame 格式。

- ■ 53　　　將資料寫入 Excel 檔案。

執行程式後會建立 <1111data.xlsx> 資料檔，使用者可以將資料檔下載保存。資料檔每一列就是一筆電腦相關行業職缺資料，使用者可以在任意時間開啟查看。

如果對某項職務有興趣，可開啟「工作網址」欄的廠商求才網頁了解詳情。

13.3.2 統計六都職缺數量分布

前一節擷取了 1111 人力銀行電腦相關行業職缺資料，除了可供離線查詢外，更可以利用這些資料做一些統計分析。求職者最關心的問題莫過於職缺數量在各地區的分布，在職缺越多的地區求職，找到工作的機率就越高。本專題僅就六都進行職缺數量統計，並繪製圓餅圖便於觀察。

取得字串中所有數值

「應徵人數」欄位值有兩種：一個固定數值或數值範圍，例如：

```
10 人
10-20 人
```

我們需取出字串內所有數值資料，如果只有一個數值則該數值就是應徵人數，若是兩個數值就以兩數的平均數值做為應徵人數。可用正規表示式來取得字串中所有數值，語法為：

```
import re
串列變數 = re.findall(r"\d+\.?\d*", 原始字串 )
```

串列變數的元素是原始字串中的數值資料。注意此數值資料元素的資料型態是「字串」，若要運算需先進行資料型態轉換。

下面範例分別在字串中擷取 1 個及 2 個數值資料：

```
[12]  1 # 取得字串中所有數值
      2 import re
      3 list1 = re.findall(r"\d+\.?\d*", "共有20人")
      4 print('list1:', list1)
      5 list2 = re.findall(r"\d+\.?\d*", "共有20~30人")
      6 print('list2:', list2)
```

```
list1: ['20']
list2: ['20', '30']
```

統計六都職缺程式

因為要繪製統計圖，因此先以下列程式碼下載台北黑體中文字型在統計圖顯示：

```
!wget -O TaipeiSansTCBeta-Regular.ttf https://drive.google.com/uc?
    id=1eGAsTN1HBpJAkeVM57_C7ccp7hbgSz3_&export=download
```

接著擷取六都職缺並繪製圓餅圖：

```
 1 import pandas as pd
 2 import re
 3 import matplotlib.pyplot as plt
 4 import matplotlib
 5 from matplotlib.font_manager import fontManager
 6
 7 # 加入中文字型設定：翰字鑄造 - 台北黑體
 8 fontManager.addfont('TaipeiSansTCBeta-Regular.ttf')
 9 matplotlib.rc('font', family='Taipei Sans TC Beta')
10
11 df = pd.read_excel('1111data.xlsx')
12 city = ['台北', '新北', '桃園', '台中', '台南', '高雄']   # 六都
13 citycount = []   # 存六都工作職缺數量的串列
14 for i in range(len(city)):
15     df1 = df[df['工作地點'].str.contains(city[i])]   # 取出包含指定地點的資料
16     indexlist = df1.index   # 取得資料索引
17     total = 0   # 職缺總額
18     for j in range(len(df1)):
19         personnum = re.findall(r"\d+\.?\d*",df1['應徵人數']
                [indexlist[j]])   # 取出資料中的數值
20         if len(personnum) == 1:   # 若是1個數值即為人數
21             person = int(personnum[0])
22         else:   # 若是2個數值則取平均數
23             person =int((int(personnum[0])+int(personnum[1]))/2)
24         total += person
```

```
25       citycount.append(total)
26
27 ser = pd.Series(citycount, index=city)   # 串列轉 Series
28 print(ser)
29 plt.axis('off')
30 ser.plot(kind='pie', title=' 六都電腦職缺數量 ', figsize=(6, 6)) # 繪製圓餅圖
```

程式說明

- 8-9   設定 matplotlib 繪圖顯示的中文字型。

- 11   讀取 Excel 資料檔。

- 12   建立儲存六都名稱的串列。

- 13   citycount 串列儲存六都工作職缺數量。

- 14-25   逐一計算六都工作職缺數量。

- 15   取得工作地點在指定都市的資料。

- 16   取得資料索引，後面程式要利用索引取得應徵人數。

- 17   total 儲存職缺總額。

- 18-24   逐筆處理應徵人數。

- 19   以資料索引取得應徵人數資料，並取得應徵人數的數值資料存入 personnum 串列中。

- 20-21   如果應徵人數數值只有 1 個，此數值就是應徵人數。

- 22-23   若應徵人數數值有 2 個，就計算平均數做為應徵人數。

- 24   將應徵人數加入職缺總額。

- 25   將職缺總額加入 citycount 串列中。

- 27   將一維串列轉換為 Pandas 的 Series，方便以 Pandas 繪圖。

- 28   顯示六都工作職缺總額。

- 29   設定繪圖時不顯示座標軸。

- 30   繪製六都工作職缺數量圓餅圖。

執行結果會顯示六都工作職缺數量數值及圓餅圖。

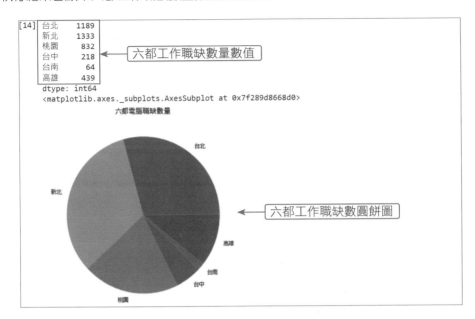

13.3.3 統計六都平均薪資金額

接著統計六都平均薪資金額做為求職的參考。

```
1 import pandas as pd
2 import re
3 import matplotlib.pyplot as plt
4 import matplotlib
5 from matplotlib.font_manager import fontManager
6
7 def transfer(strSalary):   #轉換薪資為月薪，單位為「元」
8     sal = float(strSalary)
9     if sal < 20:  #薪資單位為「萬」
10        sal = sal * 10000
11    elif sal <300:  #日薪
12        sal = sal * 8 * 22
13    return sal
14
15 # 加入中文字型設定：翰字鑄造 - 台北黑體
16 fontManager.addfont('TaipeiSansTCBeta-Regular.ttf')
17 matplotlib.rc('font', family='Taipei Sans TC Beta')
18
```

```
19 df = pd.read_excel('1111data.xlsx')
20 city = ['台北', '新北', '桃園', '台中', '台南', '高雄']    #六都
21 salarylist = []
22 for i in range(len(city)):
23     df1 = df[(df['工作地點'].str.contains(city[i]))]
24     indexlist = df1.index    #取得資料索引
25     total = 0    #薪資總額
26     for j in range(len(df1)):
27         salarytem = df1['薪資'][indexlist[j]].replace(',', '')
                #以資料索引取得資料
28         salanum = re.findall(r"\d+\.?\d*",salarytem)    #取出資料中的數值
29         if len(salanum) == 1:    #若是 1 個數值即為薪資
30             salary = transfer(salanum[0])
31         else:    #若是 2 個數值則取平均數
32             salary = (transfer(salanum[0])+transfer(salanum[1]))/2
33         total += salary
34     salarycity = int(total/len(df1))    #平均薪資
35     salarylist.append(salarycity)
36
37 ser = pd.Series(salarylist, index=city)    #串列轉 Series
38 print(ser)
39 plt.ylabel('單位：元')
40 ser.plot(kind='bar', title='六都電腦職缺薪資', figsize=(5, 5))    #繪製長條圖
```

程式說明

- **7-13**　此函式功能是轉換薪資成單位為「元」的月薪。因為資料中有三種型態：日薪、單位為「萬」的月薪及單位為「元」的月薪，故需轉換為統一格式方便後面的運算。

- **8**　傳入的薪資參數為字串，將其轉換為浮點數。

- **9-10**　若薪資數值小於 20 表示其單位為「萬」，故乘以 10000。

- **11-12**　若薪資數值小於 300 表示其為日薪，故乘以 8 （每日工作 8 小時）再乘以 22 （每月工作 22 天）。

- **19**　讀取 Excel 資料檔。

- **20**　建立儲存六都名稱的串列。

- **21**　salarylist 串列儲存六都薪資。

- **22-35**　逐一計算六都薪資。

- **23**　取得工作地點在指定都市的薪資資料。

- **24**　取得資料索引，後面程式要利用索引取得薪資資料。

- ■ 25 total 儲存薪資總額。
- ■ 26-33 逐筆處理薪資。
- ■ 27 以資料索引取得資料，並將資料中的逗點「,」移除。例如薪資欄位資料為「月薪 28,000~40,000 元」，移除後為「月薪 28000~40000 元」。
- ■ 28 以正規表達式取得薪資欄位資料中所有數值。
- ■ 29-32 如果薪資數值只有 1 個，此數值就是薪資；若薪資數值有 2 個，就計算平均數做為薪資。
- ■ 34 計算一個地區的平均薪資。
- ■ 35 將平均薪資加入 salarylist 串列中。
- ■ 37 將一維串列轉換為 Pandas 的 Series，方便以 Pandas 繪圖。
- ■ 38 顯示六都工作職缺平均薪資數值。
- ■ 39 設定繪圖時縱座標的標題。
- ■ 40 繪製六都工作職缺平均薪資長條圖。

執行結果會顯示六都工作職缺平均薪資數值及長條圖。

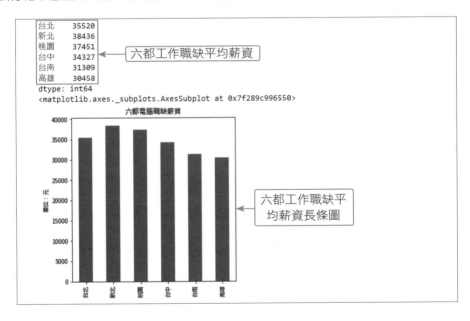

13.3.4 延伸應用

本專題為節省資源，僅擷取 1,500 筆資料，資料數量越多，準確度越高，因此可提高擷取的資料數量。為了簡化程式，本專題僅使用工作地點及薪資進行統計，資料中還有許多欄位，可對這些欄位進行統計分析，提供求職者更多資訊，例如對同一地區不同職缺關鍵字 (行業別) 進行統計，了解該地區何種職缺最熱門；學歷與工作經驗何者對薪資的影響較大等。

本專題詳細介紹如何由網頁中擷取資料，此技能也可應用於其他網頁，例如可製作一個圖書價格的比價網頁，方法是分別擷取幾個知名線上圖書網站 (如博客來、金石堂等) 指定圖書的價格，讓使用者可以輕鬆取得較便宜的價格資訊。

Chapter

14

7-11 超商門市資料下載

* **專題方向**
* **關鍵技術**

   取得下拉式功能表的縣市資料

   下載各縣市的資料

   將資料儲存在 Excel 檔案中

* **實戰：7-11 超商門市資料下載**

   下載單一縣市超商門市資料

   使用 Pandas 將資料儲存成 Excel 檔案

   以縣市為工作表儲存成 Excel 活頁簿

   延伸應用

14.1 專題方向

走在繁華街頭，處處可看到多家便利商店比鄰而立，台灣便利商店早已是國人生活不可或缺的一環，不僅商品齊全能滿足消費者多樣化的需求並且全年無休。這種景象經常是外國觀光客眼中的「寶島奇景」，也是海外學子心中的「鄉愁」。

根據經濟部統計處公布資訊，台灣四大便利商店（7-11、全家、萊爾富、OK），大約已經有 1 萬 1,105 家，其中 7-11 展店數最多，占比近 5 成。

專題檢視

在 **ibon 便利生活站** (http://www.ibon.com.tw/) 中整合了許多 7-11 超商的服務功能，其中「門市查詢」頁面可以查詢到全台灣 7-11 超商門市的資料。

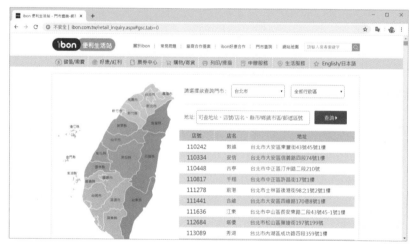

▲ ibon 便利生活站門市查詢：http://www.ibon.com.tw/retail_inquiry.aspx#gsc.tab=0

在這個專題中，我們挑選台灣店家數最多的便利商店「7-11」，利用網路爬蟲的技術依「縣市」分類，將分類中所有店家的詳細資料，包括店號、店名和地址等詳細資訊全部下載回來。最特別的是最後將以不同的縣市作為工作表名稱，儲存成 Excel 的活頁簿，讓這些資料變成有用的參考資料。

請用「http://www.ibon.com.tw/retail_inquiry.aspx#gsc.tab=0」進入 ibon 便利生活網站，在 **請選擇欲查詢門市** 下拉式清單中選擇縣市，即可查詢該縣市的所有 7-11 便利商店資訊。也可以從 **行政區** 下拉式清單中再選擇指定的行政區，預設是全部行政區，或是輸入地址後按 **查詢** 鈕依地址查詢。

例如：選擇 **台北市**、**全部行政區**，就會顯示所有台北市的 **7-11** 便利商店資訊。

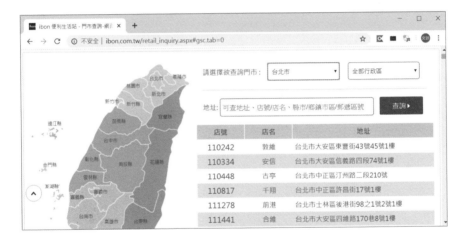

專題重點

本專題我們要下載的是所有縣市全部行政區便利商店資訊，有三個需要關注的重點：

1. 從主頁面中取得所有縣市，再以縣市依序下載各縣市所有便利商店資訊。

2. 必須解析如何以縣市為參數，下載該縣市的便利商店資訊。

3. 必須以縣市為工作表名稱，儲存成多工作表的 Excel 活頁簿檔案。

14.2 關鍵技術

本專題首先在首頁取得所有縣市分類，因為有多個分類，因此必須先取得每個分類的超連結，同時因為有多頁要下載，因此也必須取得共有多少分頁後依序一頁一頁下載。

14.2.1 取得下拉式功能表的縣市資料

以本例來說，請使用 Chrome 瀏覽器開啟「https://www.ibon.com.tw/retail_inquiry.aspx#gsc.tab=0」網頁，將滑鼠移動到「台北市」文字，按右鍵後在快顯功能表按**檢查 (N)**，開啟網頁開發人員工具。

預設會停在 **Elements** 的頁籤，請仔細觀察：所有縣市分類網址的原始碼是包含在「<select name="FirstClass" size="1" id="Class1"...>」區塊中，它的內容會在「<option>」標籤中。

```
<option value="1* 台北市 "> 台北市 </option>
```

在完成觀察之後，接著使用 BeautifulSoup 模組選取所有的縣市：以「html.find('select',id='Class1')」取得「id='Class1'」的 select 區塊內容，再以「find_all('option')」取得所有的 <option> 標籤後存入 areas 串列變數中。再依序從 areas 串列變數中取得其文字，並存入 areas 串列變數中。

```
url = 'https://www.ibon.com.tw/retail_inquiry.aspx#gsc.tab=0'
r = requests.get(url)
r.encoding = 'utf-8'
```

```
html = BeautifulSoup(r.text, 'html.parser')
areas = html.find('select', id='Class1').find_all('option')
for i in range(len(areas)):
    areas[i] = areas[i].text
```

14.2.2 下載各縣市的資料

下載單一縣市的資料

如果要下載便利商店的資訊，就必須利用開發人員工具介面加以分析，了解控制下載的技術。請依如下的操作：

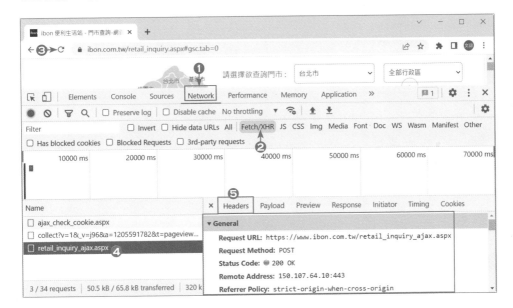

❶ 開啟 **開發人員工具** 介面並調整其位置，然後按 **Network** 切換到 Network 頁籤。

❷ 按 **Fetch/XHR** 頁籤觀察 Ajax 動態網頁產生的結果。

❸ 再按一次 C 重整按鈕。

❹ 點選 retail_inquiry_ajax.aspx 加以分析。

❺ 點選 **Headers** 頁籤並向下捲動，觀察各項參數。

在 **General** 項目中可以看到 **Request URL** 是「http://www.ibon.com.tw/retail_inquiry_ajax.aspx」，**Request Method** 是以 POST 方法進行請求。

點選 **Payload** 頁籤觀察 **Form Data** 項目,這是 Form 請求時送出的參數。其中 strTargetField 代表依縣市或行政區查詢、strKeyWords 代表縣市名稱或行政區編號。

Name		×	Headers	Payload	Preview	Response
☐ ajax_check_cookie.aspx		▼ **Form Data**		view source		view URL-enco
☐ collect?v=1&_v=j96&a=1205591782&t=pageview...		**strTargetField**: COUNTY				
☐ retail_inquiry_ajax.aspx		**strKeyWords**: 台北市				

以南投縣為例,我們建立 payload 字典使用 data 參數作 post 請求,如下:

```python
import requests
url = 'https://www.ibon.com.tw/retail_inquiry_ajax.aspx'
payload = {'strTargetField': 'COUNTY', 'strKeyWords': '南投縣'}
html = requests.post(url, data=payload)
html.encoding='utf-8'
```

下載所有縣市的資料

利用 for 迴圈就可以下載 areas 串列中所有縣市的資料。

```python
for county in areas:
    url = 'https://www.ibon.com.tw/retail_inquiry_ajax.aspx'
    payload = {'strTargetField': 'COUNTY', 'strKeyWords': county}
    r = requests.post(url, data=payload)
    r.encoding='utf-8'
```

14.2.3 將資料儲存在 Excel 檔案中

本專題下載的資料是表格型態,以 Pandas 的 read_html 方法就可以直接讀取資料。再利用 ExcelWriter 方法開啟 Excel 檔,並以 to_excel(writer,sheet_name=county) 方法,依各縣市為工作表名稱,儲存為 Excel 檔。

```python
writer = pd.ExcelWriter('711.xlsx') # 開啟 Excel 檔
for county in areas:
    url = 'https://www.ibon.com.tw/retail_inquiry_ajax.aspx'
    payload = {'strTargetField': 'COUNTY', 'strKeyWords': county}
    r = requests.post(url, data=payload)
    r.encoding='utf-8'
    df = pd.read_html(r.text, header=0)[0]
    df.to_excel(writer, sheet_name=county)
writer.save() # 寫入 Excel 文件中
```

14.3 實戰：7-11 超商門市資料下載

14.3.1 下載單一縣市超商門市資料

執行情形

第一次下載，我們先將問題簡單化，設定只下載「南投縣」所有 7-11 店家，並著重在資料結構的分析。第 12 列以 print(datas[0:3]) 顯示前 3 筆資料，可以看到資料是以表格方式呈現，結果如下：

```
[<tr> <td align="center" bgcolor="#c9e293" class="black" style="border:1px solid #fff; border-width:0 1px 1px 0;" width=
align="center" bgcolor="#c9e293" class="black" style="border:1px solid #fff; border-width:0 1px 1px 0;" width="20%">店名
align="center" bgcolor="#c9e293" class="black" style="border:1px solid #fff; border-width:0 1px 1px 0;"> 地址</td> </tr>
 <tr style="background-color:#FFFFFF;"> <td align="center" class="banner" onclick="return
SendProcess_Retail_Inquiry_ShowRetailInformation('110079');" style="cursor:pointer;font-size:large;"><a href="javascript
</td> <td align="center">竹秀  </td> <td>南投縣竹山鎮集山路二段58號                    </td></tr>
 <tr style="background-color:#E9E9E9;"> <td align="center" class="banner" onclick="return
SendProcess_Retail_Inquiry_ShowRetailInformation('110208');" style="cursor:pointer;font-size:large;"><a href="javascript
</td> <td align="center">集寶  </td> <td>南投縣集集鎮八張街75號                    </td></tr>]
```

因為第一列是表頭，第二列以後才是店家資料，因此將第一列去除，然後取得所有「<td>」的資料並濾除前後空白字元。顯示結果如下：

```
110079,竹秀,南投縣竹山鎮集山路二段58號,
110208,集寶,南投縣集集鎮八張街75號,
110219,國寶,南投縣草屯鎮中正路557之26號,
111005,前山,南投縣竹山鎮集山路三段1089號,
111544,向日葵,南投縣草屯鎮芬草路三段219-1號,
113687,六合,南投縣水里鄉民生路175號1樓,
114680,恆吉,南投縣埔里鎮南興街172號,
120261,埔德,南投縣埔里鎮仁愛路450之2號1樓,
121091,愛蘭,南投縣埔里鎮鐵山路36號1樓,
121574,福元,南投縣草屯鎮中正路885號1樓,
121736,草鞋墩,南投縣草屯鎮中正路344之30號,
122441,水社,南投縣魚池鄉中興路32之3號1樓,
124540,狀元,南投縣竹山鎮大明路500號,
126292,埔惠,南投縣埔里鎮大城里中山路三段546號1樓,
126351,鑫永安,南投縣草屯鎮御史里登輝路558號,
126764,祖祠,南投縣南投市祖祠路16-4號,
127538,國泰,南投縣草屯鎮中正路636號1樓及和興街93號1樓,
131825,日月潭,南投縣魚池鄉水社村中山路118號,
132161,竹寶,南投縣竹山鎮延正里延正路45之30號1樓,
136370,清境,南投縣仁愛鄉定遠新村26之1號,
137823,長崗,南投縣南投市南崗二路581號,
138011,信義鄉,南投縣信義鄉明德村玉山路82-2號,
```

完整程式碼

```
1    # 網址：https://www.ibon.com.tw/retail_inquiry.aspx#gsc.tab=0
2
3    import requests
4    url = 'https://www.ibon.com.tw/retail_inquiry_ajax.aspx'
5    payload = {'strTargetField': 'COUNTY', 'strKeyWords': ' 南投縣 '}
6    html = requests.post(url, data=payload)
7    html.encoding='utf-8'
8
9    from bs4 import BeautifulSoup
10   soup = BeautifulSoup(html.text, 'html.parser')
11   datas = soup.find_all('tr')
12   print(datas[0:3]) # 顯示前 3 筆表格資料
13
14   del datas[0]  # 去掉表頭
15   for data in datas:
16     items = data.find_all('td')
17     for item in items:
18         print(item.text.strip() , end=',')
19     print()
```

程式說明

- **1**　　　　　這是 ibon 便利生活網站的官方網站。
- **3-7**　　　　下載南投縣所有的 7-11 店家。
- **9-10**　　　建立 BeautifulSoup 物件。
- **11**　　　　取得所有的「<tr>」標籤。
- **12**　　　　這是開發階段顯示前 3 筆資料，以便了解資料的結構。
- **14**　　　　去除第一列表頭。
- **15-19**　　逐一處理每一個表格資料。
- **16**　　　　取得所有的「<td>」標籤。
- **17-18**　　逐一濾除表格資料前後空白字元並顯示。

14.3.2 使用 Pandas 將資料儲存成 Excel 檔案

pandas 提供 ExcelWriter() 方法建立 XlsxWriter 物件，利用 XlsxWriter 物件可以在一個 Excel 檔案中建立不同的 sheet(工作表) 並寫入資料。

將資料儲存為多個工作表 Excel 檔案的步驟如下：

1. 首先必須以 ExcelWriter 方法建立 XlsxWriter 物件。例如：建立 XlsxWriter 物件 writer，寫入 <test.xlsx> 檔案中。

```
import pandas as pd
writer = pd.ExcelWriter('test.xlsx')
```

2. 利用 DataFrame 物件的 to_excel 方法，將資料寫入工作表。例如：建立 DataFrame 物件 df1，將資料寫入 sheet1 工作表中，不要顯示索引列。

```
… ( 略 )
df1 = pd.DataFrame({"name":["david", "tom", "chiou"],
                    "id":[123,456,789] })
df1.to_excel(writer,sheet_name='sheet1',index=False)
```

- writer 為前面建立的 XlsxWriter 物件。

- 參數 sheet_name 設定工作表名稱。

- index 設定是否要顯示索引列，False 表示不顯示索引列，預設為 True。

3. 可以再建立更多的工作表。例如：建立 DataFrame 物件 df2，將資料寫入「工作表二」工作表中，顯示索引列。

```
… ( 略 )
df2 = pd.DataFrame({" 電話 ":["0912-112233","0987-556677"],
                    " 地址 ":[" 台北市 "," 埔里鎮 "] })
df2.to_excel(writer,sheet_name=' 工作表二 ')
```

4. 最後再以 XlsxWriter 物件的 save 方法存檔。

```
writer.save()
```

執行結果：

14.3.3 以縣市為工作表儲存成 Excel 活頁簿

最後要將這個範例的難度加深，依序下載各縣市的資料後，再利用 Pandas 以各縣市為單位，分別化為不同的工作表，儲存同一個 Excel 活頁簿中。

專題的執行結果

依序下載各縣市的資料。

以各縣市為工作表，儲存為 Excel 檔 <711.xlsx> 再下載到本機，左下圖為台北市，右下圖為新北市。

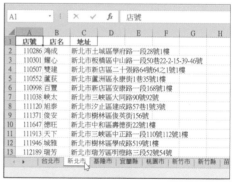

專題的程式碼

```
1   import requests
2   from bs4 import BeautifulSoup
3   import pandas as pd
4   # 取得所有縣市
5   url = 'https://www.ibon.com.tw/retail_inquiry.aspx#gsc.tab=0'
6   r = requests.get(url)
```

```
7    r.encoding = 'utf-8'
8    html = BeautifulSoup(r.text, 'html.parser')
9    areas = html.find('select', id='Class1').find_all('option')
10   for i in range(len(areas)):
11     areas[i] = areas[i].text
12
13   # 開始批次擷取
14   writer = pd.ExcelWriter('711.xlsx')
15   for county in areas:
16     url = 'https://www.ibon.com.tw/retail_inquiry_ajax.aspx'
17     payload = {'strTargetField': 'COUNTY', 'strKeyWords': county}
18     r = requests.post(url, data=payload)
19     r.encoding='utf-8'
20
21     print(county," 下載中…")
22     df = pd.read_html(r.text, header=0)[0]
23     df.to_excel(writer, sheet_name=county,index=False)
24
25   # 儲存至 Excel 文件中
26   writer.save()
27   print(" 下載完畢 ")
```

程式說明

- 5-11　　取得所有的縣市名稱，並存入 areas 串列變數中。

- 14　　　建立 XlsxWriter 物件 writer，寫入 <711.xlsx> 檔案中。

- 15-23　依序下載各縣市資料並儲存。

- 22　　　以 pandas 的 read_html 方法依下載資料建立 DataFrame 物件串列，
　　　　　再以 [0] 讀取第 1 筆物件，header=0 設定索引第 0 列為表頭。

- 23　　　以縣市名稱為工作表名稱，不顯示索引列。

- 26　　　將資料寫入檔案。

14.3.4 延伸應用

本專題利用爬蟲的技術，快速的由相關的網站中取得大量而有用的資料。以 **7-11** 超商門市資料為例，當我們取得資料之後，是儲存於 Excel 的檔案之中，並利用縣市為單位，分為不同的工作表儲存在同一個活頁簿當中。這對於使用者來說，就可以直接利用 Excel 的功能，在這個檔案中快速找到需要的超商資料。

在 **Python** 的應用中，這一類的資料非常適合再開發成 Web API 程式，使用者只要利用適合的關鍵字，透過 Web API 程式的執行，即可接收到處理之後的資料。對於其他平台的程式，如手機行動 **App** 或是網站的開發，都十分的受用。

Chapter

15

即時網路聲量輿情收集器

* **專題方向**
* **關鍵技術**

    擷取及分析非同步載入資料

    下載指定日期的資料

    將資料儲存在 txt 檔案中

* **實戰：即時網路聲量輿情資料下載**

    擷取即時熱門關鍵字及資訊

    依日期儲存收集結果

    延伸應用

15.1 專題方向

Google 搜尋趨勢 (https://trends.google.com/trends) 可根據設定的地區中搜尋的熱門關鍵字進行分析並排名,並依關鍵字進行相關的網路資源收集,讓我們即時了解時勢、掌握時代的脈動,匯集即時網路聲量、情蒐輿論最新發展。

專題檢視

在這個專題中,我們將由 Google 搜尋趨勢網站搜尋台灣最近兩天最熱門的新聞話題關鍵字,並將這些新聞資訊全部下載並存檔,供爾後的參考。

選單鈕

▲ Google 搜尋趨勢網站:https://trends.google.com/trends

請按左上角的選單鈕,選擇 **搜尋趨勢**,預設是以 **每日搜尋趨勢** 這個分類來顯示台灣目前最熱門的搜尋關鍵字排行。

點選每一個熱門的關鍵字，就可以看到和這關鍵字相關的新聞。

點選每一則新聞就會顯示該新聞的詳細內容。

專題重點

本專題中我們以 Google 熱門的關鍵字下載相關的新聞，有幾個需要關注的重點：

1. 從主頁面解析如何以參數，設定下載日期下載相關的新聞。

2. 將回傳的字串資料轉換為字典，並使用 JSON Viewer 分析字典的結構。

3. 將回傳的資料依日期存成文字檔。

15.2 關鍵技術

本專題首先在頁面找出資料載入的來源,再利用日期的設定,下載指定日期的資料。

15.2.1 擷取及分析非同步載入資料

觀察 XHR 請求方式

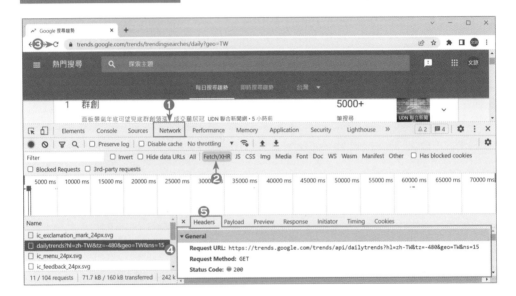

❶ 開啟 **開發人員工具** 介面並調整其位置,然後按 **Network** 切換到 Network 頁籤。

❷ 按 **Fetch/XHR** 頁籤觀察 Ajax 動態網頁產生的結果。

❸ 再按一次C重整按鈕。

❹ 點選 dailytrends?hl=zh-TW&tz=-480&geo=TW&ns=15 加以分析。

❺ 點選 **Headers** 頁籤並向下捲動,觀察各項參數。

在 **General** 項 目 中 取 得 **Request URL** 和 **Request Method** 表 示 是 向「https://trends.google.com/trends/api/dailytrends?hl=zh-TW&tz=-480&geo=TW&ns=15」以 GET 方法進行請求。

點選 **Payload** 頁籤觀察 **Query String Parameters** 參數,主要的是 hl、tz、geo 和 ns 參數。

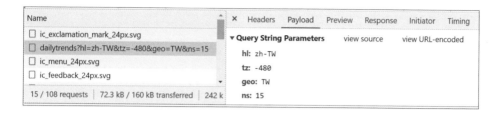

依照觀察結果,我們可以使用 requests 模組,向「https://trends.google.com/trends/api/dailytrends」加上參數發出 GET 請求,即可得到回傳資料。程式碼如下:

```
import requests
url = 'https://trends.google.com/trends/api/dailytrends'
payload = {
            "hl": "zh-TW",
            "tz": "-480",
            "geo": "TW",
            "ns": "15",
        }
html = requests.get(url,params=payload)
```

下載 json 文字檔

其實 GET 請求的方式,即是將頁面網址加上參數。所以請將剛才的網址:「https://trends.google.com/trends/api/dailytrends?hl=zh-TW&tz=-480&geo=TW&ns=15」直接貼到瀏覽器執行,如下圖該網站會回傳相關資料,化為下載的檔案:<json.txt>。

這個下載的 <json.txt> 檔就包含了搜尋關鍵字及相關網頁的資料，用記事本打開可看出資料是字典格式的字串，但第一列文字是多餘的。仔細觀察文字是用 utf-8 編碼。

以 JSON Viewer 解析

如果想進一步解析，可以使用相關工具來幫忙。**Code Beautify** (https://codebeautify.org/) 是一個提供多種線上編碼、解碼工具的網站。在這裡我們主要是利用 JSON Viewer 作解碼，請按 **JSON Viewer** 鈕。

請以記事本開啟 <json.txt> 檔內容，先刪除第一列文字後，然後將所有文字貼在左邊的視窗中，按下中間 **Tree Viewer** 鈕即可在右邊的視窗中顯示解碼的結果。

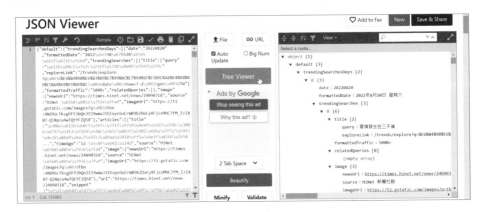

仔細分析後發現，需要的資訊都是放在 default 鍵的 trendingSearchesDays 鍵值對中，其中有兩筆資料，第一筆是當天的資料，第二筆則是前一天的資料。

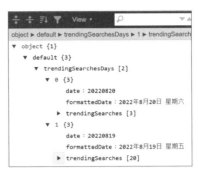

在 Python 中可以利用 json 模組接收回傳的資料，下列程式會以「,」字元將下載的字串資料分割為串列，並將串列元素分別儲存在「_,datas」變數中，其中 datas 變數才是真正的資料。接著以 json.loads(datas) 轉換為字典，再以 jsondata['default']['trendingSearchesDays'] 取得資訊並存在 trendingSearchesDays 串列中。

```python
_,datas=html.text.split(',',1)
jsondata=json.loads(datas)  #將下載資料轉換為字典
trendingSearchesDays=jsondata['default']['trendingSearchesDays']
```

接著利用迴圈處理 trendingSearchesDays 串列，然後以 formattedDate 鍵讀取日期。

```python
for trendingSearchesDay in trendingSearchesDays:
    formattedDate=trendingSearchesDay['formattedDate']
```

每篇文章的詳細資訊都包括在 trendingSearches 鍵的 articles 鍵值對中，articles 是一個串列，每一個串列元素就是一則新聞，每則新聞中則可以 title、source、timeAgo、snippet 和 url 鍵取得標題、媒體、發佈時間、內容和相關連結的詳細資訊。

```
▼ 0 {3}
      date : 20220820
      formattedDate：2022年8月20日 星期六
   ▼ trendingSearches [3]
      ▼ 0 {6}
         ▶ title {2}
            formattedTraffic：5000+
         ▶ relatedQueries [0]
         ▶ image {3}
         ▼ articles [6]
            ▼ 0 {6}
                  title：《愛情發生在三天後》林哲熹和孟耿如殺青夜並肩談心
                  timeAgo：12 小時前
                  source：HiNet 新聞社群
               ▶ image {3}
                  url：https://times.hinet.net/news/24090318
                  snippet：由時創影業製作，時創影業、八大電視、東森電視
```

可以下列程式讀取每篇文章的詳細資訊。

```
for trendingSearchesDay in trendingSearchesDays:
    formattedDate=trendingSearchesDay['formattedDate']
    print(' 日期 :' + formattedDate)
    print()
    for data in trendingSearchesDay['trendingSearches']:
        print('【主題關鍵字 :' + data['title']['query'] + '】')
        print()
        for content in data['articles']:
            print(' 標題 :', content['title'])
            print(' 媒體 :', content['source'])
            print(' 發佈時間 :', content['timeAgo'])
            print(' 內容 :', content['snippet'])
            print(' 相關連結 :', content['url'])
            print()
    print('-'*50)
```

15.2.2 下載指定日期的資料

利用 **ed** 參數可以設定下載的日期，請依如下的操作。

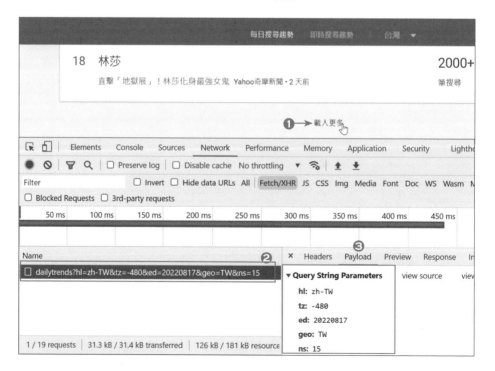

❶ 網頁往下捲動到最下方，按 **載入更多** 鈕。

❷ 選取新產生載入網址。

❸ 觀察 **Payload** 頁籤的 **Query String Parameters** 參數，除了 hl、tz、geo 和 ns 參數，再新增了 ed 參數。

設定 ed 參數就可以下載指定的日期的資訊，例如：**"ed":"20220817"** 將會下載西元 2022 年 8 月 17 日的熱門新聞資訊。如果省略設定 ed，就會以預設值下載最近兩天 的熱門關鍵字的相關資訊。程式如下：

```python
import requests
url = 'https://trends.google.com/trends/api/dailytrends'
payload = {
            "hl": "zh-TW",
            "tz": "-480",
            # 如果要指定日期可以加上 ed 參數
            "ed": "20220817",
            "geo": "TW",
            "ns": "15",
        }
html = requests.get(url,params=payload)
```

15.2.3 將資料儲存在 **txt** 檔案中

利用 python 內建的 open() 方法即可以開啟文字檔案，並將資料寫入檔案中，其中 filename 是以日期為檔名，news 則是要儲存的新聞資訊。

```python
news="下載的新聞…"
filename= trendingSearchesDay['date'] + '.txt'
with open(filename,'w',encoding='utf-8') as f:
        f.write(news)
```

15.3 實戰：即時網路聲量輿情資料下載

15.3.1 擷取即時熱門關鍵字及資訊

執行情形

預設會以最近兩天的熱門新聞關鍵字搜尋台灣最近兩天最熱門的新聞話題。

```
[➤  日期：2022年8月20日 星期六

【主題關鍵字：愛情發生在三天後】

標題：《愛情發生在三天後》林哲熹和孟耿如殺青夜並肩談心親吐：滿腦子 ...
媒體：HiNet 新聞社群
發佈時間：13 小時前
內容：由時創影業製作，時創影業、八大電視、東森電視共同出品戲劇《愛情發生在三天後》，持續熱播中，林哲熹和孟耿如的感情
相關連結：https://times.hinet.net/news/24090318

標題：撩孟耿如「滿腦子都是妳」 林哲熹《三天後》變渣男
媒體：Yahoo奇摩新聞
發佈時間：18 小時前
內容：[周刊王CTWANT]《愛情發生在三天後》劇中，林哲熹和孟耿如的感情急速升溫。林哲熹劇中明明有了女友陳庭妮，卻在孟耿
相關連結：https://tw.news.yahoo.com/%E6%92%A9%E5%AD%9F%E8%80%BF%E5%A6%82-%E6%BB%BF%E8%85%A6%E5%AD%90%E9%83%

標題：殺青夜談心發展出超友誼林哲熹曖昧告白「腦子都是妳」
媒體：鏡週刊
發佈時間：17 小時前
內容：林哲熹和孟耿如在《愛情發生在三天後》的感情急速升溫，劇中，林哲熹飾演萬年試鏡男，平日靠女友陳庭妮的幫助維持生計
相關連結：https://www.mirrormedia.mg/story/20220819ent010/
```

完整程式碼

```python
1   import requests,json
2
3   # 官網 https://trends.google.com/trends/trendingsearches/daily?geo=TW
4   # Google 熱搜關鍵字，預設會取得最近兩天的關鍵字
5   url = 'https://trends.google.com/trends/api/dailytrends'
6
7   # 以 payload 設定 params，ed 可以設定日期
8   payload = {
9               "hl": "zh-TW",
10              "tz": "-480",
11              # 如果要指定日期可以加上 ed 參數
12              # "ed": "20220819",
13              "geo": "TW",
14              "ns": "15",
15            }
16  html = requests.get(url,params=payload)
17  html.encoding='utf-8'
```

```
18
19   _,datas=html.text.split(',',1)
20   jsondata=json.loads(datas) #將下載資料轉換為字典
21   trendingSearchesDays=jsondata['default']['trendingSearchesDays']
22
23   for trendingSearchesDay in trendingSearchesDays:
24       formattedDate=trendingSearchesDay['formattedDate']
25       print(' 日期 :' + formattedDate)
26       print()
27       for data in trendingSearchesDay['trendingSearches']:
28           print('【主題關鍵字 :' + data['title']['query'] + '】')
29           print()
30           for content in data['articles']:
31               print(' 標題 :', content['title'])
32               print(' 媒體 :', content['source'])
33               print(' 發佈時間 :', content['timeAgo'])
34               print(' 內容 :', content['snippet'])
35               print(' 相關連結 :', content['url'])
36               print()
37           print('-'*50)
```

程式說明

- ■ 3　　　　這是 GoogleTrends 依最近日期熱門關鍵字搜尋的官方網站，提供分析網站結構參考用。

- ■ 5-17　　建立 payload 字典使用 params 參數作 get 請求，完成「https://trends.google.com/trends/api/dailytrends?hl=zh-TW&tz=-480&geo=TW&ns=15」下載的動作。本例並未設定 ed 參數，因以預設會下載最近兩天的新聞資訊。

- ■ 19　　　「_,datas=html.text.split(',',1)」將回傳字串資料以「,」字元分割，第一個字串不重要，第二個字串才是正確的資料，並存在 datas 變數中。

- ■ 20　　　以 json.loads() 將字串轉換為 jsondata 字典。

- ■ 21　　　以 jsondata['default']['trendingSearchesDays'] 取得要下載的資訊並存在 trendingSearchesDays 串列中。

- ■ 23-37　依序處理每一天的資料。

- ■ 24　　　以 formattedDate 鍵讀取日期。

- ■ 27-37　依序讀取每一個熱門關鍵字。

- ■ 28　　　以 data['title']['query'] 取得熱門關鍵字。
- ■ 30-36　所有的新聞內容都包括在 articles 鍵中，它是一個串列，利用迴圈依序讀取該主題的每一則新聞內容。

15.3.2 依日期儲存收集結果

將資料以日期存檔，除了容易分類之外，資料研讀上也較方便，Python 提供的 open() 方法可以將資料儲存到 txt 檔案中。

Notebook 20220819.txt ×
```
1   日期:2022年8月19日 星期五
2
3   【主題關鍵字:BLACKPINK】
4
5   標題:BLACKPINK攜新輯絕美回歸！ 韓媒起底成員背景「非富
6   媒體:Yahoo奇摩新聞
7   發佈時間:16 小時前
8   內容:南韓女團BLACKPINK新專輯主打歌《Pink Venom》於台
9   相關連結:https://tw.news.yahoo.com/blackpink%E6%9
10
11  標題:BLAKCPINK時隔2年回歸！ Rosé久違見粉絲「激動落淚
12  媒體:ETtoday星光雲
13  發佈時間:17 小時前
14  內容:韓團BLACKPINK時隔2年推出正規專輯《BORN PINK》
15  相關連結:https://star.ettoday.net/news/2320319
16
17  標題:所有一線精品穿上身：BLACKPINK 新歌《Pink Venom
```

Notebook 20220819.txt　20220820.txt ×
```
1   日期:2022年8月20日 星期六
2
3   【主題關鍵字:愛情發生在三天後】
4
5   標題:《愛情發生在三天後》林哲熹和孟耿如殺青夜並肩談心
6   媒體:HiNet 新聞社群
7   發佈時間:13 小時前
8   內容:由時創影業製作，時創影業、八大電視、東森電視共同
9   相關連結:https://times.hinet.net/news/24090318
10
11  標題:撩孟耿如「滿腦子都是妳」 林哲熹《三天後》變渣男
12  媒體:Yahoo奇摩新聞
13  發佈時間:18 小時前
14  內容:[周刊王CTWANT] 《愛情發生在三天後》劇中，林哲
15  相關連結:https://tw.news.yahoo.com/%E6%92%A9%E5%A
16
17  標題:殺青夜談心發展出超友誼林哲熹曖昧告白「腦子都是妳
```

```
…（略）
19  _,datas=html.text.split(',',1)
20  jsondata=json.loads(datas) # 將下載資料轉換為字典
21  trendingSearchesDays=jsondata['default']['trendingSearchesDays']
22
23  for trendingSearchesDay in trendingSearchesDays:
24      news=""
25      formattedDate=trendingSearchesDay['formattedDate']
26      news += ' 日期:' + formattedDate + '\n\n'
27
28      for data in trendingSearchesDay['trendingSearches']:
29          news += '【主題關鍵字:' + data['title']['query'] + '】' + '\n\n'
30          for content in data['articles']:
31              news += ' 標題:' + content['title'] + '\n'
32              news += ' 媒體:' + content['source'] + '\n'
33              news += ' 發佈時間:' + content['timeAgo'] + '\n'
34              news += ' 內容:' + content['snippet'] + '\n'
35              news += ' 相關連結:' + content['url'] + '\n\n'
36
```

```
37      filename= trendingSearchesDay['date'] + '.txt'
38      with open(filename,'w',encoding='utf-8') as f:
39          f.write(news)
40      print(filename + " 已存檔!")
```

程式說明

■ 23-40   依序儲存每一天的新聞資訊。

■ 24   建立 news 變數儲存每一天的新開。

■ 25-26   news 加入日期。

■ 28-35   news 依序加入每一則新聞內容。

■ 37-40   以日期為檔名,儲存成文字檔並顯示已存檔。

15.3.3 延伸應用

過去當大數據這個概念剛被提出來的時候,最經典也是最常被引用的例子應該就是 Google 利用搜尋引擎所收集的相關關鍵字搜尋動作資料,歸納出全美的流感趨勢。這個預測結果在當時不僅領先美國疾病管制局 CDC 的公告,而且與真實的狀況也十分契合。於是關鍵字的搜尋就成為了網路世界中,衡量趨勢一個很重要的指標!

如今無論是在商業的行銷推廣,或是政治的輿情蒐集,關鍵字都是其中不可或缺的代表因素。對於關鍵字的掌握,搜尋引擎所提供的資料只是其中一個管道,善用爬蟲的技巧,即可由新聞頁面、討論區、社群網站或是更多的不同媒體中取得資料,提供更進一步的分析應用。

Chapter

16

線上國語字典

* **專題方向**
* **關鍵技術**
  萌典網站及 API

  JSON 模組分析萌典資料

  Gradio 模組建立 Web App
* **實戰：建立線上國語字典及 Web App**
  建立線上國語字典

  建立萌典 Web App

  延伸應用

16.1 專題方向

當人們遇到不熟悉的字詞時，現在大概很少人會去查紙本辭典了！萌典網站共收錄十六萬筆國語條目，只要輸入要查詢的字詞，就可輕鬆查看該字詞各種解釋。本專題使用萌典提供的 API 取得辭典資料，將資料進行組合再呈現給使用者觀看。最後利用 Gradio 模組建立 Web App，即使親朋好友在遠方，也可在各自的電腦或手機瀏覽器使用本專題查詢萌典。

專題檢視

萌典 (https://www.moedict.tw/) 網站提供了相當完整的字詞查詢功能，不但可以查詢國語字詞，還可以查詢閩南語及客語。

▲ 萌典網站：https://www.moedict.tw/

本專題可用程式查詢字詞萌典內容。

```
請輸入要查詢的國字：車
查詢字詞：  車
注音:ㄔㄜ，羅馬拼音:chē，漢語拼音：chē
----------------------------------------------
解釋：陸地上靠輪子轉動而運行的交通工具。如：「汽車」、「火車」。通稱為「車子」。
詞性：<名詞>
----------------------------------------------
解釋：利用輪軸轉動的機械。
範例：如：「紡車」、「風車」、「水車」。
詞性：<名詞>
----------------------------------------------
解釋：牙床。
引用：左傳．僖公五年：「輔車相依，脣亡齒寒。」｜杜預．注：「輔，頰輔之車，牙車。」｜孔穎達．正義：「牙車，
詞性：<名詞>
----------------------------------------------
```

本專題使用 Gradio 模組建立萌典 Web App，使用者可在本機瀏覽器或手機的瀏覽器使用萌典查詢字詞。

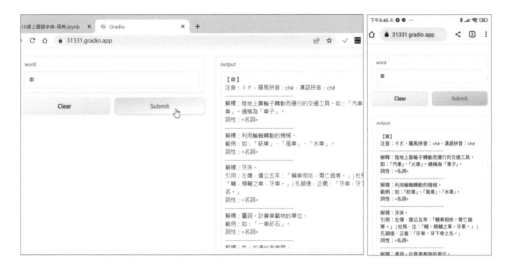

專題重點

1. 目前許多公開資料網站會提供 API 讓程式設計者方便取得各種資料進行客製化應用，本專題藉由使用萌典 API 取得字詞解釋內容，讓使用者熟悉如何利用 API 取得資料的過程。

2. 網站提供的資料常是 JSON 格式的文字資料，程式設計者必須將其轉換為字典格式才能輕鬆以「鍵」來取得對應的資料「值」。本專題詳細解析字典結構，按部就班教導使用者取得所需資料。

3. Gradio 模組可以輕易建立 Web App，讓使用者在本機瀏覽器或手機中執行應用程式。

16.2 關鍵技術

萌典共收錄十六萬筆國語、兩萬筆臺語、一萬四千筆客語條目,並提供了漢語與英語、法語以及德語的對照,可說是目前資料最完整的線上辭典。萌典提供了 API 功能,讓程式設計師可輕易取得辭典資料,進行各種客製化辭典功能。

Gradio 是史坦福大學開發的模組,只要幾列程式碼就可以創造一個 Web App,親朋好友即可在各自電腦或手機的瀏覽器中,操作體驗你創作的應用程式,神奇吧!

16.2.1 萌典網站及 API

萌典網站

開啟「https://www.moedict.tw/」網頁即可進入萌典網站,在左上角搜尋列輸入要查詢的字詞,就會顯示該字詞所有內容:

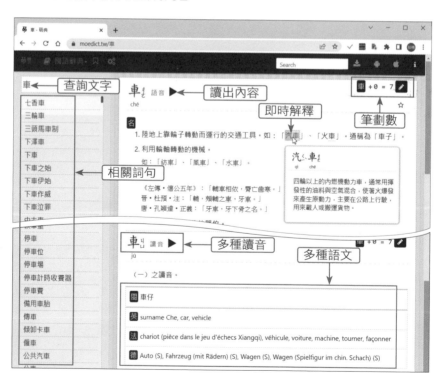

萌典網站功能繁多，其中較重要的簡介如下：

- **語音功能**：點選語音右方 ▶ 圖示就會讀出所有內容。
- **相關詞句**：搜尋框下方會列出包含搜尋文字的所有詞句，使用者點選文句就會顯示該文句搜尋內容。
- **筆劃數**：右上角顯示部首、部首以外筆劃數及總筆劃數。上圖表示「車」部首為「車」，部首以外筆劃為 0，總筆劃數為 7。
- **即時解釋**：將滑鼠移到內容文字停留片刻就會顯示該字詞的解譯，如此使用者可以隨時查詢不熟悉的字詞。
- **多種讀音**：如果查詢文字具有多種讀音，萌典會顯示所有讀音及其意義。
- **多國語文**：萌典會顯示閩南語、英語、法語、德語的文字解釋。

也可在搜尋列輸入要查詢的詞句：

萌典還有許多實用功能，例如閩南語、客家語、成語、諺語、歇後語、專科語詞等，使用者可依需求自行測試。

萌典 API

為了方便程式設計者使用萌典資料，萌典提供 API 讓程式設計者可以輕鬆取得萌典的字詞資料。

萌典 API 的語法為：

```
https://www.moedict.tw/uni/ 查詢文字
```

下面程式為使用萌典 API 查詢「車」的範例：

```
[5]  1 import requests
     2 url = "https://www.moedict.tw/uni/車"
     3 r = requests.get(url)
     4 print(r.text)
```

執行結果：

```
{
    "heteronyms": [
        {
            "bopomofo": "（語音）ㄔㄜ",
            "bopomofo2": "（語音）chē",
            "definitions": [
                {
                    "def": "陸地上靠輪子轉動而運行的交通工具。如：「汽車」、「火車
                    "type": "名"
                },
                {
                    "def": "利用軸軸轉動的機械。",
                    "example": [
                    {                          「風車」、「水車」。"
                        "def": "車有ㄔㄜ、ㄐㄩ二音，詞例、讀音混淆，無法正改有區別，只是
                    }
                ],
                "pinyin": "（讀音）jū"
        }
    ],
    "non_radical_stroke_count": 0,
    "radical": "車",
    "stroke_count": 7,
    "title": "車"
}
```

傳回資料包括字詞注音、羅馬拼音、漢語拼音、所有解釋、部首、筆劃等，若具有多個注音，也會傳回所有注音的解釋。傳回資料是 JSON 資料型態的文字格式，若使用文字方式要分析取得各項資料並不容易，若是轉換為字典格式就可使用「鍵」輕鬆取得對應的資料值。

16.2.2 JSON 模組分析萌典資料

JSON 模組轉為字典格式

JSON 模組的 loads 方法可將 JSON 文字資料轉換為字典格式，語法為：

```
import json
字典變數 = json.loads( 文字資料 )
```

例如字典變數為 datas，文字資料為前一節萌典查詢字詞傳回的資料：

```
[11]    1 # 文字轉為dict
        2 import json
        3 datas = json.loads(r.text)
        4 datas

{'heteronyms': [{'bopomofo': '（語音）ㄔㄜ',
  'bopomofo2': '（語音）chē',
  'definitions': [{'def': '陸地上靠輪子轉動而運行的交通工具。如：「汽車」、「火車」。通稱為「車子
    'type': '名'},
  {'def': '利用輪軸轉動的機械。', 'example': ['如：「紡車」、「風車」、「水車」。'], 'type': '名
  {'def': '牙床。',
    'quote': ['左傳．僖公五年：「輔車相依，脣亡齒寒。」',
      '杜預．注：「輔，頰輔之車，牙車。」',
      '孔穎達．正義：「牙車，牙下骨之名。」'],
    'type': '名'},
  {'def': '量詞。計算車載物的單位。', 'example': ['如：「一車砂石」。'], 'type': '名'},

{'bopomofo': '（讀音）ㄐㄩ',
  'bopomofo2': '（讀音）jiū',
  'definitions': [{'def': '<1>之讀音。'},
  {'def': '◻◻ ◻◻'},
  {'def': '車有ㄔㄜ、ㄐㄩ二音，為語、讀音之分，意義上沒有區別，只是在某些文言詞上今日仍習慣使用讀音
    'pinyin': '（讀音）jū'}],
  'non_radical_stroke_count': 0,
  'radical': '車',
  'stroke_count': 7,
  'title': '車'}
```

線上網站分析 JSON 資料

上述字典資料仍然無法輕鬆觀察字典資料結構，線上有許多 JSON 資料分析網站，此處使用「Json Parser Online」網站，此網站分析結果結構清晰易懂，對於資料容錯能力相當強，即資料 JSON 格式有些許錯誤也能正確分析。

開啟「http://json.parser.online.fr/」網頁，將前面萌典查詢字詞轉換後的字典資料貼入網頁左方欄位中，右方就會顯示分析結果。下圖右方是資料結構，一目了然。按分析結構中 ⊟ 圖示可收起該項目包含的子項目，並以數字表示子項目的個數，如此可讓使用者更容易觀察整體結構；按 ⊞ 圖示可展開該項目包含的子項目。

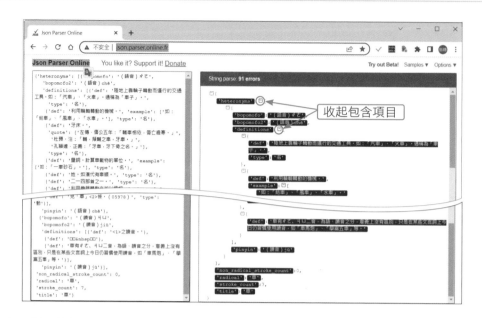

左下圖是收起第一個讀音的 definitions，可見到其有 12 個子項目 (解釋)；右下圖是
收起 heteronyms，可見到其有 2 個子項目 (讀音)。

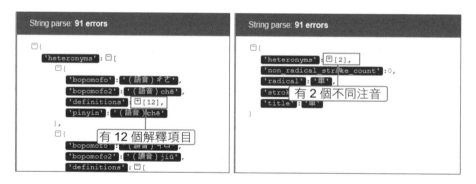

取得萌典項目資料

了解萌典的字典資料結構後，就可利用「鍵」來取得對應資料。

首先取得第一層資料，包括查詢字詞 (鍵為 title)、部首 (鍵為 radical) 及筆劃 (鍵為
stroke_count)，程式碼為：

```
[10]  1 # 顯示字典第一層
      2 print('查詢字詞: ', datas['title'])
      3 print('部首: ', datas['radical'])
      4 print('筆劃', datas['stroke_count'])
```

查詢字詞: 車
部首: 車
筆劃 7

第二層資料為各個讀音的注音 (鍵為 bopomofo)、羅馬拼音 (鍵為 bopomofo2) 及漢語拼音 (鍵為 pinyin)，由於部分字詞的傳回值包含「（語音）」前綴詞，所以要將其移除。例如取得第 1 個讀音第二層資料的程式碼為：

```
[6]   1 # 顯示字典第二層
      2 print('注音: ', datas['heteronyms'][0]['bopomofo'].\
      3       replace('（語音）',''))
      4 print('羅馬拼音: ', datas['heteronyms'][0]['bopomofo2'].\
      5       replace('（語音）',''))
      6 print('漢語拼音: ', datas['heteronyms'][0]['pinyin']\
      7       .replace('（語音）',''))
```

注音: ㄔㄜ
羅馬拼音: chē
漢語拼音: chē

再來取得第三層資料：definitions 下面有解釋 (鍵為 def)、引用 (鍵為 quote)、範例 (鍵為 example) 及詞性 (鍵為 type)。其中 def 為一定存在的鍵值，其餘三者則不一定會有，因此 quote、example 及 type 必須先檢查其是否存在，若存在才以程式取得其值，否則會產生錯誤。

下面程式會顯示第 1 個讀音下第 1 個 definitions 的解釋、詞性及範例，由於該筆資料沒有 example 鍵，所以並未顯示範例。

```
[6]   1 # 顯示字典第三層
      2 print('解釋: ', datas['heteronyms'][0]['definitions'][0]['def'])
      3 if 'type' in (datas['heteronyms'][0]['definitions'][0]):
      4   print('詞性: <{}>'.format(datas['heteronyms'][0]\
      5                     ['definitions'][0]['type']))
      6 if 'example' in (datas['heteronyms'][0]['definitions'][0]):
      7   print('範例: <{}>'.format(datas['heteronyms'][0]\
      8                     ['definitions'][0]['example']))
```

解釋: 陸地上靠輪子轉動而運行的交通工具。如：「汽車」、「火車」。通稱為「車子」。
詞性: <名>

16.2.3 Gradio 模組建立 Web App

Gradio 模組原理

Gradio 模組的原理非常簡單，可經由下面四個重點來完成：

- **網頁**：系統會建立一個網頁。
- **輸入**：使用者藉由輸入介面傳入資料，資料可以是文字、圖形、影片、聲音等。
- **處理函式**：經過使用者自行定義的函式處理資料，並傳回要輸出的資料。
- **輸出**：在輸出介面中顯示最後結果。

安裝 Gradio 模組

安裝 Gradio 模組的語法為：

```
!pip install gradio
```

Gradio 模組的使用步驟

1. **載入 Gradio 模組**：載入後建立別名 gr。

```
import gradio as gr
```

2. **建立處理函式**：這是目前程式開發很流行的模式，除了一開始的輸入與展示結果的輸出，最重要的就是將輸入的資料化為展示結果的處理函式。

   Gradio 模組在設定輸入介面時，必須要設定處理函式，所以一般在開發時都會先將處理函式建立好，再設定到建立網頁介面中。

3. **建立互動網頁**：在建立互動網頁時，重點在於輸入及輸出的方式，還有處理函式的設定。語法為：

```
Gradio 物件變數 = gr.Interface(fn = 處理函式 ,
                          inputs = 輸入欄位 ,
                          outputs = 輸出欄位 )
Gradio 物件變數 .launch()
```

- **輸入欄位**：文字、圖形、影片、聲音等。
- **輸出欄位**：文字、圖形、影片、聲音等。

例如,程式執行時,使用者在輸入文字之後送出,程式會自動將文字中的「morning」改為「night」,最後顯示在畫面上。

```
[2]    1 # 文字輸入/文字輸出
       2 import gradio as gr
       3
       4 def rStr(text):
       5   return text.replace('morning', 'night')
       6
       7 grobj = gr.Interface(fn=rStr,
       8              inputs=gr.inputs.Textbox(),
       9              outputs=gr.outputs.Textbox())
      10 grobj.launch()
```

Colab notebook detected. To show errors in colab notebook, set `debug=True` in `launch()`
Running on public URL: https://22420.gradio.app ◄── 程式執行網址

This share link expires in 72 hours. For free permanent hosting, check out Spaces: https://hu

程式說明

■ 2 　　　　載入 Gradio 模組。

■ 4-5 　　　建立 rStr 函式,將字串的「morning」改為「night」後再回傳。

■ 7-9 　　　建立 Gradio 物件,輸入為文字欄位「gr.inputs.Textbox()」,
　　　　　　輸出也是文字欄位「gr.outputs.Textbox()」。

■ 10 　　　　執行 Gradio 物件。

執行結果:

於左方 **text** 欄位輸入文字後按 **Submit** 鈕,右方 **output** 欄位會顯示結果,為自訂函式的替換結果,按 **Clear** 鈕則可清除輸入欄位重新輸入。

輸入及輸出欄位非常多元,例如輸入欄位可使用手寫板 (Sketchpad) 讓使用者繪圖,輸出欄位可自動輸出機器學習的分類結果 (Label),詳細用法可參考本工作室另一書籍《Python 實戰聖經》。

本機瀏覽器及手機執行應用程式

Gradio 執行後最重要的是下方的網址 (此處為 https://22420.gradio.app)，即是目前這個程式執行服務的網址，任何人只要在瀏覽器開啟這個網址就可使用此應用程式，真是太方便了！網址有效時間為 72 小時。

下圖為在本機瀏覽器的執行結果：

在手機執行應用程式：點選本機瀏覽器右上方 分享圖示，於下拉選單點選 **建立 QR 圖碼** 會顯示網址 QR Code，使用手機 QR Code App 掃描 QR Code 即可開啟 Gradio 應用程式。

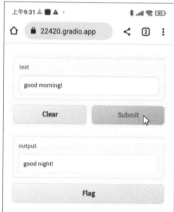

16.3 實戰：建立線上國語字典及 Web App

16.3.1 建立線上國語字典

執行情形

程式執行後，請輸入要查詢的字詞：可以輸入單字，也可以輸入詞句；程式會顯示該字詞在萌典中所有內容，包含注音、羅馬拼音、漢語拼音、解釋、引用、範例、詞性、部首、筆劃等。

```
請輸入要查詢的國字：車    ←── 輸入要查詢的字詞
查詢字詞： 車
注音:ㄔㄜ，羅馬拼音:chē，漢語拼音：chē
-------------------------------------------------
解釋：陸地上靠輪子轉動而運行的交通工具。如：「汽車」、「火車」。通稱為「車子」。
詞性：<名詞>
-------------------------------------------------
解釋：利用輪軸轉動的機械。
範例： 如：「紡車」、「風車」、「水車」。
詞性：<名詞>
-------------------------------------------------
解釋：牙床。
            ... 林頤，注：「輔，煩輔之車，牙車。」｜孔穎達．正義：「
解釋：見「車」<2>條。（05978）
詞性：<動詞>
=================================================
注音：（讀音）ㄐㄩ，羅馬拼音：（讀音）jiū，漢語拼音：（讀音）jū
-------------------------------------------------
解釋：<1>之讀音。
-------------------------------------------------
解釋：▨▨ ▨▨
-------------------------------------------------
解釋：車有ㄔㄜ、ㄐㄩ二音，為語、讀音之分，意義上沒有區別，只是在某些文言詞上今日仍習慣使用讀音，如「車馬
```

完整程式碼

```python
1 import requests
2 import json
3
4 url = "https://www.moedict.tw/uni/"
5 word = input("請輸入要查詢的國字：")
6 r = requests.get(url+word)
7 datas = json.loads(r.text)
8
9 # 顯示查詢字詞、部首、筆畫
10 print('查詢字詞：', datas['title'])
11 if 'radical' in (datas['heteronyms']):
12   print("部首:{}，筆劃:{}".format(datas['radical'], datas['stroke_count']))
```

```
13
14  # 顯示多音字
15  for i in range(len(datas['heteronyms'])):
16    print(" 注音 :{}，羅馬拼音 :{}，漢語拼音 : {}".format(
17      datas['heteronyms'][i]['bopomofo'].replace('（語音）',''),
18      datas['heteronyms'][i]['bopomofo2'].replace('（語音）',''),
19      datas['heteronyms'][i]['pinyin'].replace('（語音）','')))
20    print('----------------------------------------------------------')
21    for j in range(len(datas['heteronyms'][i]['definitions'])):
22      print(' 解釋:{}'.format(datas['heteronyms'][i]['definitions'][j]['def']))
23      if 'quote' in (datas['heteronyms'][i]['definitions'][j]):
24        print(' 引用:{}'.format(' | '.join(datas['heteronyms'][i]
             ['definitions'][j]['quote'])))
25      if 'example' in (datas['heteronyms'][i]['definitions'][j]):
26        print(' 範例:{}'.format(' | '.join(datas['heteronyms'][i]
             ['definitions'][j]['example'])))
27      if 'link' in (datas['heteronyms'][i]['definitions'][j]):
28        print(' 連結:{}'.format(' | '.join(datas['heteronyms'][i]
             ['definitions'][j]['link'])))
29      if 'type' in (datas['heteronyms'][i]['definitions'][j]):
30        print(' 詞性:<{} 詞 >'.format(datas['heteronyms'][i]
             ['definitions'][j]['type']))
31      if j < len(datas['heteronyms'][i]['definitions'])-1:
32        print('----------------------------------------------------------')
33    if i < len(datas['heteronyms'])-1:
34      print('==========================================================')
```

程式說明

- ■ 4　　　設定萌典基本網址。

- ■ 5　　　讓使用者輸入要查詢的字詞。

- ■ 6　　　使用萌典 API 取得查詢字詞的文字內容。

- ■ 7　　　將萌典傳回的文字資料轉換為字典格式。

- ■ 10　　　由 title 鍵取得查詢字詞。

- ■ 11-12　若查詢詞句 (2 個以上文字) 則傳回值沒有部首 (radical) 及筆劃 (stroke_count)，因此檢查 heteronyms 中是否包含部首，若包含才顯示部首及筆劃。如果沒有 11 列檢查程式，輸入詞句時會產生錯誤。

- ■ 15　　　使用迴圈逐一顯示各發音字詞的內容。

- ■ 16-19　顯示注音、羅馬拼音及漢語拼音。有些傳回值會包含「（語音）」前綴，因此使用 replace 方法將其移除。

- ■ 21-30　使用迴圈逐一顯示各發音字詞的定義 (definitions) 內容。
- ■ 22　　每一個定義都有解釋 (def) 鍵，所以直接顯示即可。
- ■ 23-30　引用 (quote)、範例 (example)、連結 (link) 及詞性 (type) 並不是每一個定義都有，因此必須先檢查該鍵是否存在，若存在才顯示該項目。如果未進行檢查，則該項目不存在時會產生錯誤。
- ■ 23-24　顯示引用項目。
- ■ 25-30　分別顯示範例、連結及詞性項目。
- ■ 31-32　列印「定義」項目分隔線，最後一個項目不列印分隔線。
- ■ 33-34　列印「發音」項目分隔線，最後一個項目不列印分隔線。

16.3.2　建立萌典 Web App

執行情形

程式執行後，於左方 **word** 欄位輸入字詞後按 **Submit** 鈕，右方 **output** 欄位會顯示該字詞的萌典內容，按 **Clear** 鈕則可清除輸入欄位重新輸入。

點選 Gradio 執行結果的 public URL 網址 (此處為 https://31331.gradio.app)，就會開啟瀏覽器執行此應用程式。

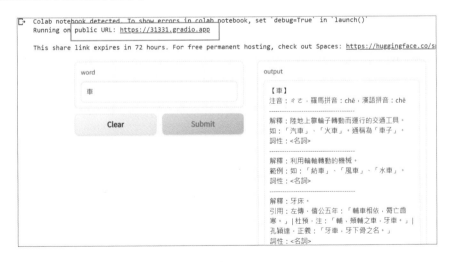

點選瀏覽器右上方 🔗 分享圖示，於下拉選單點選 **建立 QR 圖碼** 會顯示網址 QR Code，使用手機 QR Code App 掃描 QR Code 即可在手機執行此應用程式。

完整程式碼

```python
1  import requests
2  import json
3  import gradio as gr
4
5  def moedict(word):
6    reStr = ''
7    url = 'https://www.moedict.tw/uni/' + word
8    r = requests.get(url)
9    datas = json.loads(r.text)
10
11   reStr += '【'+ datas['title'] + '】\n'
12   if 'radical' in (datas['heteronyms']):
13     reStr += ' 部首:{}，筆畫:{}'.format(datas['radical'],
         datas['stroke_count']) + '\n'
14   for i in range(len(datas['heteronyms'])):
15     reStr += ' 注音:{}，羅馬拼音:{}，漢語拼音:{}'.format(
16         datas['heteronyms'][i]['bopomofo'].replace('（語音）',''),
17         datas['heteronyms'][i]['bopomofo2'].replace('（語音）',''),
```

```
18          datas['heteronyms'][i]['pinyin'].replace('（語音）','')) + '\n'
19     reStr += '----------------------------------------\n'
20     for j in range(len(datas['heteronyms'][i]['definitions'])):
21       reStr += '解釋：{}'.format(datas['heteronyms'][i]
            ['definitions'][j]['def']) + '\n'
22       if 'quote' in (datas['heteronyms'][i]['definitions'][j]):
23         reStr += '引用：{}'.format(' | '.join(datas['heteronyms']
              [i]['definitions'][j]['quote'])) + '\n'
24       if 'example' in (datas['heteronyms'][i]['definitions'][j]):
25         reStr += '範例：{}'.format(' | '.join(datas['heteronyms']
              [i]['definitions'][j]['example'])) + '\n'
26       if 'link' in (datas['heteronyms'][i]['definitions'][j]):
27         reStr += '連結：{}'.format(' | '.join(datas['heteronyms']
              [i]['definitions'][j]['link'])) + '\n'
28       if 'type' in (datas['heteronyms'][i]['definitions'][j]):
29         reStr += '詞性：<{}詞>'.format(datas['heteronyms']
              [i]['definitions'][j]['type']) + '\n'
30       if j < len(datas['heteronyms'][i]['definitions'])-1:
31         reStr += '----------------------------------------\n'
32     if i < len(datas['heteronyms'])-1:
33       reStr += '========================================\n'
34   return reStr
35
36 grobj = gr.Interface(fn=moedict,
37                      inputs=gr.inputs.Textbox(),
38                      outputs=gr.outputs.Textbox())
39 grobj.launch()
```

程式說明

■ 5-34   取得萌典查詢內容並組合成字串傳送給 Gradio 顯示的函式。為了符
          合 Gradio 處理函式要求，必須將前一節直接顯示的萌典查詢內容全
          部組合成字串，再傳送給 Gradio 輸出欄位。

■ 6   reStr 為儲存萌典查詢內容的字串，初始值為空字串。

■ 11-33   將前一節直接 print 的萌典查詢內容逐一加入 reStr 字串中。需注
          意 print 命令會自動換行，此處將查詢內容加入 reStr 字串時需自
          行加入「\n」換行符號。

■ 36-39   建立 Gradio 物件並啟動執行。

16.3.3 延伸應用

萌典 API 除了可以查詢國語字詞外，也可以查詢閩南語及客語字詞相關內容，如果有查詢閩南及客語字詞的需求，可參考萌典 API 說明網頁「https://github.com/g0v/moedict-webkit/#api- 說明」進行程式設計。

Gradio 模組建立的 Web App 網址有效期限為 72 小時，3 天後該網址就會失效，其目的是做為測試用。若要長期使用 Gradio 模組建立的 Web App 網址，可到 Hugging Face 網站 (https://huggingface.co/) 申請帳號，建立空間。如果應用程式的流量不是很大，Hugging Face 網站提供的免費額度應該會足夠使用。

Python 大數據特訓班(第三版)：資料自動化收集、整理、清洗、儲存、分析與應用實戰

作　　者：文淵閣工作室 編著 / 鄧文淵 總監製
企劃編輯：王建賀
文字編輯：江雅鈴
設計裝幀：張寶莉
發 行 人：廖文良

發 行 所：碁峰資訊股份有限公司
地　　址：台北市南港區三重路 66 號 7 樓之 6
電　　話：(02)2788-2408
傳　　真：(02)8192-4433
網　　站：www.gotop.com.tw
書　　號：ACL067200
版　　次：2022 年 10 月三版
　　　　　2023 年 12 月三版二刷
建議售價：NT$520

國家圖書館出版品預行編目資料

Python 大數據特訓班 / 文淵閣工作室編著. -- 三版. -- 臺北市：
　碁峰資訊, 2022.10
　　面；　公分
　　ISBN 978-626-324-338-5(平裝)
　　1.CST：Python(電腦程式語言)　2.CST：大數據
312.32P97　　　　　　　　　　　　　　　　　111015878